ご購入・ご利用の前に必ずお読みください

本書は、2017年11月現在の情報をもとにiPadやAndroid OSを搭載するタブレット、「Microsoft Windows 10」「Microsoft Edge」「ビスケット」の操作方法について解説しています。本書の発行後にビスケットや各ソフトウェアの機能や操作方法、画面などが変更された場合、本書の掲載内容通りに操作できなくなる可能性があります。本書発行後の情報については、弊社のWebページ（https://book.impress.co.jp/）などで可能な限りお知らせいたしますが、すべての情報の即時掲載ならびに、確実な解決をお約束することはできかねます。また本書の運用により生じる、直接的、または間接的な損害について、著者ならびに弊社では一切の責任を負いかねます。あらかじめご理解、ご了承ください。

本書で紹介している内容のご質問につきましては、巻末をご参照のうえ、お問い合わせフォームかメールにてお問い合わせください。電話やFAXなどでのご質問には対応しておりません。また、本書の発行後に発生した利用手順やサービスの変更に関しては、お答えしかねる場合があることをご了承ください。

動画について

本書で紹介するゲームの動作を確認できる動画を「できるネット」のWebページで参照できます。

▼ 『できるキッズ 子どもと学ぶ ビスケットプログラミング入門』動画ページ
https://dekiru.net/viscuit

●用語の使い方

本文中で使用している用語は、基本的に実際の画面に表示される名称に則っています。

●本書の前提

本書では、iOS 11が搭載されたiPadで、インターネットに常時接続されている環境を前提に画面を再現しています。そのほかのOSやWebブラウザーをお使いの場合、一部画面や操作が異なることもありますが、基本的に同じ要領で進めることができます。

「できる」「できるシリーズ」は、株式会社インプレスの登録商標です。
そのほか、本書に記載されている会社名、製品名、サービス名は、一般に各開発メーカーおよびサービス提供元の登録商標または商標です。
なお、本文中には™および®マークは明記していません。

Copyright © DigitalPocket LLC., Yasunori Harada, Takeshi Watanabe, Yukari Inoue and Impress Corporation. All rights reserved.
本書の内容はすべて、著作権法によって保護されています。著者および発行者の許可を得ず、転載、複写、複製等の利用はできません。

はじめに

コンピューターがすごい存在であることは、今さら言うまでもありません。計算は人間よりもはるかに速くて正確です。また、現実には存在しない美しい映像や、人を夢中にさせるゲームも作れます。コンピューターがすごい本当の理由は、「プログラミングによって何もないところから何かを生み出せる」ということです。この不思議な働きは、ほかにはありません。コンピューターがあるのにプログラミングをしないのは、魅力のほとんどを生かせていないというか、実にもったいないと思うのです。

私はプログラミングができるコンピューターの魅力にとりつかれ、プログラミングの研究者になりました。コンピューターは最初のころは仕事や趣味にしか使われていませんでしたが、インターネットの普及や小型化によって次第に家庭にも浸透してきました。ところが肝心のプログラミングは蚊帳の外で「一部の専門家がやるもの」「便利なソフトウェアが使えれば自分でやらなくてもいい」といった意見が大半でした。そこでプログラミングの魅力を多くの人に知ってほしいと思い、2003年にビスケット（Viscuit）を開発しました。

2020年にプログラミング教育が必修化されることから、にわかにプログラミングがブームになりました。数多くの教育向けツールが登場し、にぎわいを見せています。しかし、ビスケットはそれらのツールと考え方がかなり違います。あまりにも違うので、プログラミングに詳しい人ほど違和感を覚えるかもしれません。しかし、この本で紹介した作品を作れば、プログラミングの要素と骨格をしっかりと学べることが分かります。

本書は、ビスケットの基本を覚える「やってみよう」編と、学んだ内容を組み合わせてゲーム作りに挑戦する「できるかな」編に分かれています。ビスケットは4歳の子どもにも始められるぐらい操作は簡単ですが、中身は非常に奥が深く、開発した私でさえ思い付かないようなプログラミングが日々生まれています。

ビスケットでプログラミングの楽しさ、面白さをぜひ堪能してください。

2017年11月　著者を代表して　合同会社デジタルポケット　原田康徳

本書の読み方

本書では、初めてビスケットやタブレットに触れる子どもが一人で迷わずにプログラミングを学べるように構成しています。すべての操作を丁寧に解説しているので安心です。

レッスン
見開き2ページを基本に、ビスケットでできることを簡潔に解説します。「できること」や「知りたいこと」をタイトルからすぐに見つけられます。

内容
レッスンで作るプログラムや操作内容などを紹介します。

わからないときは
同じような操作手順が掲載されているレッスンを紹介しています。

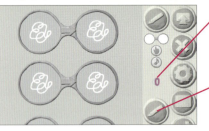

生成器と波もんを一番うすい色で描き直すよ。一度全部消してから、元の絵をなぞって描こう。

わからないときは ➡ レッスン7

① 生成器を描き直そう

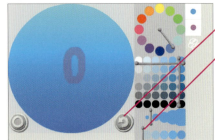

1 部品置き場の生成器をおし続ける
　えんぴつボタンが出るよ
2 えんぴつボタンをおす
　お絵かき画面が表示されるよ
3 ここをおして絵を消す
4 いちばんうすい色にする
　元の絵をなぞって生成器を描こう
5 まるボタンをおす

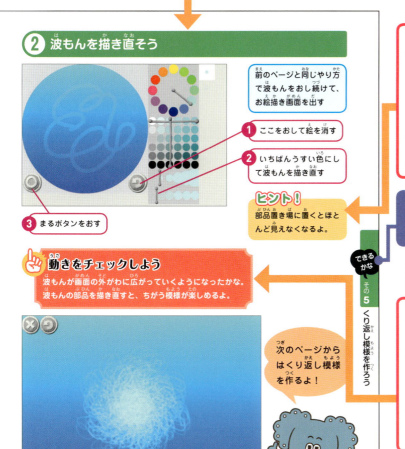

手順
必要な手順を、すべての画面とすべての操作を掲載して解説

手順見出し
「○○を描き直そう」など、1つの手順ごとに、内容の見出しを付けています。番号順に読み進めてください。

操作解説
操作の意味や操作結果に関しての解説です。

操作説明
「○○をおす」など、それぞれの手順での実際の操作です。番号があるときは順に操作してください。

ヒント
レッスンに関連した、さまざまな機能の紹介や、一歩進んだ使いこなしのテクニックを解説します。

つめ見出しから章タイトルでページを探せます。

動きをチェックしよう
プログラムの動きを解説します。画面と見比べてプログラミングの内容が正しいかを確認できます。

※ここで紹介している紙面はイメージです。実際の紙面とは異なります。

目次

はじめに 3 ／ビスケットを使えるようにしよう 11
保護者の方へ 14

やってみよう その1　ビスケットを始めよう　15

- レッスン ❶ ビスケットについて知ろう ……………………………… 16
- レッスン ❷ ビスケットにさわってみよう ……………………………… 18
- レッスン ❸ お絵かき画面を表示しよう ……………………………… 20
- レッスン ❹ ビスケットを続きから始めるには ……………………………… 22
- 問題 …………………… 24

やってみよう その2　お魚を泳がせよう　25

- レッスン ❺ 複数の色でお魚を描いてみよう ……………………………… 26
- レッスン ❻ ステージにお魚を置こう ……………………………… 28
- レッスン ❼ お魚を前に動かそう ……………………………… 30
- レッスン ❽ タコさんを描こう ……………………………… 32
- レッスン ❾ タコさんをゆらゆら動かそう ……………………………… 34
- 問題 …………………… 38

やってみよう その3　海をにぎやかにしよう　39

- レッスン ❿ お魚が岩をよけるようにしよう ……………………………… 40
- レッスン ⓫ ぐるぐる回るうずを作ろう ……………………………… 44
- レッスン ⓬ お魚の口をぱくぱく動かそう ……………………………… 48
- 問題 …………………… 52

やってみよう

その4　おサルにリンゴを拾わせよう　　　**53**

レッスン ⑬ 「ひとりでつくる」の画面を見てみよう ································ 54

レッスン ⑭ トラックを走らせてリンゴを落とそう ································ 56

レッスン ⑮ トラックが画面のはじで消えるようにしよう ················ 60

レッスン ⑯ おサルの動きを作ろう ··· 62

問 題 ··················· 66

やってみよう

その5　画面をおして宝箱を開けよう　　　**67**

レッスン ⑰ 宝箱を描こう ··· 68

レッスン ⑱ 指でおした時に宝箱が開くようにしよう ···················· 70

レッスン ⑲ 宝箱から宝石を出そう ··· 74

レッスン ⑳ 宝箱からお化けを出そう ·· 76

レッスン ㉑ 開いたら音が出るようにしよう ·· 78

レッスン ㉒ 宝箱が動くようにしよう ·· 80

問 題 ··················· 82

できるかな

その1　シューティングゲームを作ろう　　　**83**

▶ どうやって作るか考えよう ·· 84

レッスン ㉓ シューティングゲームのステージと部品を用意しよう ············· 86

レッスン ㉔ ファイターを動かそう ··· 88

レッスン ㉕ ビームを発射しよう ··· 90

レッスン ㉖ インベーダーを動かそう ·· 92

レッスン ㉗ インベーダーをばくはつさせよう ····································· 94

問 題 ··················· 96

できるかな

その2　対戦ゲームを作ろう　　97

▶ **どうやって作るか考えよう** ……………………………… 98
レッスン㉘ 対戦ゲームのステージと部品を用意しよう ……… 100
レッスン㉙ 青くんのこうげきを作ろう ………………………… 102
レッスン㉚ 青くんの防ぎょを作ろう …………………………… 104
レッスン㉛ 赤くんの動きを作ろう ……………………………… 106
レッスン㉜ こうげきが当たった時の動きを作ろう ………… 108
レッスン㉝ こうげきを防ぎょした時の動きを作ろう ……… 110
レッスン㉞ ゲームオーバーの動きを作ろう ………………… 112
　　　　　問題 …………………114

できるかな

その3　作曲マシンを作ろう　　115

▶ **どうやって作るか考えよう** ……………………………… 116
レッスン㉟ 作曲マシンのステージと部品を用意しよう ……… 118
レッスン㊱ 生成器からポッドを出そう ………………………… 120
レッスン㊲ バーの動きを作ろう ………………………………… 122
レッスン㊳ 音の玉を作ろう ……………………………………… 124
レッスン㊴ 音の玉が自動で変わるようにしよう …………… 128
　　　　　問題 …………………130

できるかな

その4 迷路ゲームを作ろう　　　**131**

どうやって作るか考えよう ・・・・・・・・・・・・・・・・・・・・・・・・・・・・・・・・・・・・・132
レッスン **40** 迷路ゲームのステージと部品を用意しよう ・・・・・・・・・・・134
レッスン **41** 探検くんを左に動かそう ・・・・・・・・・・・・・・・・・・・・・・・・・・・・136
レッスン **42** 探検くんを他の方向に動かそう ・・・・・・・・・・・・・・・・・・・138
レッスン **43** モンスターの動きを作ろう ・・・・・・・・・・・・・・・・・・・・・・・・140
レッスン **44** ゲームオーバーの動きを作ろう ・・・・・・・・・・・・・・・・・・・142
レッスン **45** 探検くんにカギを取らせよう ・・・・・・・・・・・・・・・・・・・・・・144
レッスン **46** ゴールを作ろう ・・・・・・・・・・・・・・・・・・・・・・・・・・・・・・・・・・146

問題 ・・・・・・・・・・・・・・・・・・150

できるかな

その5 くり返し模様を作ろう　　　**153**

どうやって作るか考えよう ・・・・・・・・・・・・・・・・・・・・・・・・・・・・・・・・・・・・154
レッスン **47** 波もん模様のステージと部品を用意しよう ・・・・・・・156
レッスン **48** 生成器から波もんを出そう ・・・・・・・・・・・・・・・・・・・・・・・・158
レッスン **49** 波もんの数を増やそう ・・・・・・・・・・・・・・・・・・・・・・・・・・・・160
レッスン **50** 生成器をステージに加えよう ・・・・・・・・・・・・・・・・・・・・・162
レッスン **51** 生成器と波もんを描き直そう ・・・・・・・・・・・・・・・・・・・・・164
どうやって作るか考えよう ・・・・・・・・・・・・・・・・・・・・・・・・・・・・・・・・・・・・166
レッスン **52** 鳥の模様のステージと部品を用意しよう ・・・・・・・・・168
レッスン **53** 青い生成器の動きを作ろう ・・・・・・・・・・・・・・・・・・・・・・・170
レッスン **54** 鳥の絵を並べよう ・・・・・・・・・・・・・・・・・・・・・・・・・・・・・・・・172

問題 ・・・・・・・・・・・・・・・・・・174

できるかな

その6 ブロックくずしを作ろう 175

どうやって作るか考えよう …… 176

レッスン (55) ブロックくずしのステージと部品を用意しよう …… 178

レッスン (56) パドルが左右に動くようにしよう …… 180

レッスン (57) ボールの動きを作ろう …… 182

レッスン (58) かべに当たる時の動きを作ろう …… 186

レッスン (59) 天じょうに当たる時の動きを作ろう …… 190

レッスン (60) 天じょうのすみに当たる時の動きを作ろう …… 192

レッスン (61) パドルでボールをはね返す動きを作ろう …… 194

レッスン (62) パドルがたくさん動くようにしよう …… 198

レッスン (63) ブロックがくずれる動きを作ろう …… 202

レッスン (64) パドルのはじでボールをはね返す動きを作ろう …… 208

レッスン (65) 音が出るようにしよう …… 210

問 題 …… 216

付録　メガネ一覧 …… 217

本書を読み終えた方へ　221 ／ 読者アンケートのお願い　222

ビスケットを使えるようにしよう

ビスケットはインターネットにつながっているタブレット、スマートフォン、パソコンのどの環境でも無料で使えます。タブレットやスマートフォンではアプリをインストールし、パソコンではWebブラウザーを利用します。それぞれの方法を確認しましょう。

iPad・iPhoneの場合

1 [App Store]アプリを起動する

ホーム画面を表示しておく

1 [App Store]をタップ

2 アプリの検索画面を表示する

App Storeのトップ画面が表示された

1 [検索]をタップ

3 [viscuit]アプリを検索する

検索画面が表示された　1 「viscuit」と入力

2 [Search]をタップ

4 アプリの詳細画面を表示する

アプリの検索結果が表示された　1 [viscuit]をタップ

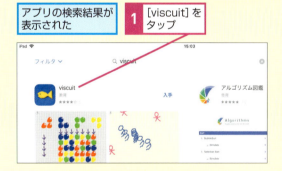

5 アプリの内容を確認する

1 [入手]をタップ

インストールが完了すると、ホーム画面にアイコンが表示される

Androidタブレット・スマートフォンの場合

1 [Playストア] アプリを起動する

ホーム画面を表示しておく

1 [Playストア]をタップ

2 アプリの検索画面を表示する

Playストアのトップ画面が表示された

1 [Google Play]をタップ

3 [viscuit] アプリを検索する

1 「viscuit」と入力
2 ここをタップ

4 アプリの詳細画面を表示する

アプリの検索結果が表示された

1 [viscuit]をタップ

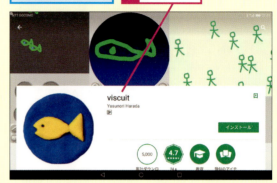

5 アプリの内容を確認する

1 下にスクロールして内容を確認

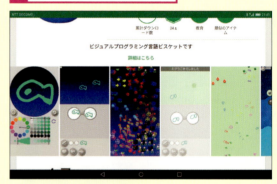

内容を確認したら上にスクロールする

6 アプリをインストールする

1 [インストール]をタップ

インストールが完了すると、ホーム画面にアイコンが表示される

パソコンの場合

1 Microsoft Edgeを起動する

1 [Microsoft Edge]をクリック

ビスケットのWebページに移動する

2 右記のURLを入力

▼ビスケットのWebページ
https://www.viscuit.com/

3 [Enter]キーを押す

2 [ビスケットであそぶ]の画面を表示する

ビスケットのWebページが表示された

1 [あそぶ]をクリック

3 プログラミング画面を表示する

[ビスケットであそぶ]の画面が表示された

1 [やってみる]をクリック

モードを選ぶ画面が表示される

Flashを有効にしよう

ビスケットは画面の表示に「Adobe Flash」を使用しています。もし画面がうまく表示されない場合は、下の手順でAdobe Flashを有効にしましょう。

1 [設定]の画面を表示する

1 [設定など]をクリック

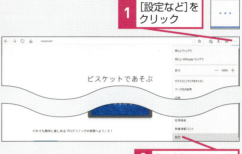

2 [設定]をクリック

2 [詳細設定]の画面を表示する

1 ここを下にドラッグしてスクロール

2 [詳細設定を表示]をクリック

3 Adobe Flashを有効にする

1 [Adobe Flash Playerを使う]をクリックしてオンに設定

2 画面の何もないところをクリック

13

保護者の方へ

ビスケットで作成したデータは、タブレットやパソコンには一切保存されません。プログラムの作成を途中でやめるときや、タブレットのバッテリーが切れそうなときは、以下の方法で専用のサーバー（ビスケットランド）に保存しておきましょう。なお、保存したデータを探すにはレッスン4を参照してください。

▼みんなでつくるの場合

① 送るボタンをおす

部品をステージに入れてメガネをメガネ置き場に入れると、送るボタンが表示される

1 送るボタンをおす

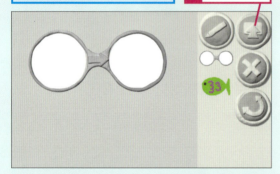

② まるボタンをおす

新しいボタンが表示された

1 まるボタンをおす

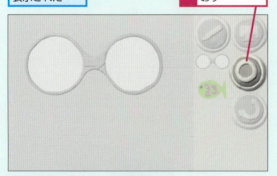

2回目以降は動作を取り消すバツボタンも表示される

初めて保存したときはビスケットランドが表示され、その後画面をタップすると新しい制作画面が表示される

2回目以降は作品を保存したフォルダーが表示される

▼ひとりでつくるの場合

① 送るボタンをおす

送るボタンは最初から表示されている

1 送るボタンをおす

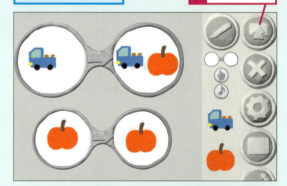

② まるボタンをおす

新しいボタンが表示された

1 まるボタンをおす

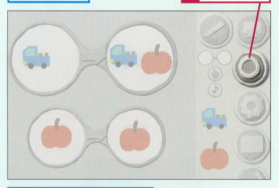

2回目以降は動作を取り消すバツボタンも表示される

初めて保存したときは新しい制作画面が表示される

2回目以降は作品を保存したフォルダーが表示される

やってみよう　その1

ビスケットを始めよう

ビスケットの世界にようこそ！　ここではビスケットの画面の見方や、使い方を学ぶよ。難しい所は大人の人といっしょにやろう！

レッスン
1. ビスケットについて知ろう……………………16
2. ビスケットにさわってみよう……………………18
3. お絵かき画面を表示しよう……………………20
4. ビスケットを続きから始めるには……………22

みんな、準備はいいかなー？

手で絵を描くから、きれいに洗ってきてね！

タブレットが初めてでも大じょう夫だよ！

レッスン 1 ビスケットについて知ろう

やった日　月　日

このレッスンではビスケットの特長と、この本でできることを紹介するよ。大人の人といっしょに読んでね。

自分で絵を描いてプログラミングする

ビスケットは自分で描いた絵と、「メガネ」というツールだけでプログラミングをします。キーボードを使わないので、子どもでも簡単にプログラミングを始めることができます。また、画面上に文字がほとんど表示されないので、難しい用語で悩まず、すぐにプログラミングの楽しさに触れられます。

操作は非常にシンプルで、ステージに自分で描いた絵を置き、メガネの中にもその絵を入れると、ステージに置いた絵が動いたり違う絵に変わったりします。メガネの中の絵を少しずらすと、動き方も少し変わります。1つ1つのメガネは単純な動きしかしませんが、メガネを増やすと複雑な動きを作れるようになります。まずは「やってみよう」編でビスケットの動かし方を覚えてから、後半の「できるかな」編で複雑なプログラミングに挑戦してみてください。

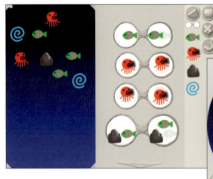

自分で描いた絵が動くので子どもにも親しみやすい

この本で学べること

この本は、初めてビスケットに触れる人を対象として1つ1つの手順を非常に丁寧に掲載しました。本を読みながら慎重に作っていけば、誰でもプログラミングを完成できます。実は、完成した後が本番です。他のレッスンで覚えた技や、新しいひらめきでどんどんメガネを足していってください。すぐにアイデアが出なくても構いません。メガネを足して遊んでいるうちに、何か発想につながると思いますよ。ビスケットが誕生してから14年経ちますが、毎日のように新しい遊び方が発見されています。この本にも、今までにはなかったゲームをいくつも紹介しました。ビスケットで作れそうなゲームは、まだまだたくさん眠っていると思います。

やってみよう その1 ビスケットを始めよう

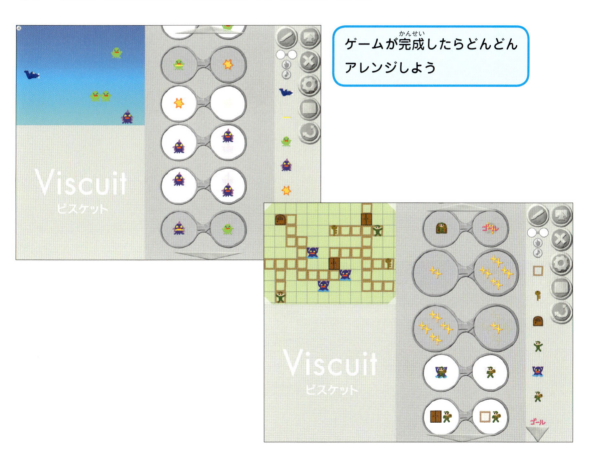

ゲームが完成したらどんどんアレンジしよう

レッスン 2

ビスケットに さわってみよう

やった日
　月　日

ここではiPadでビスケットを使う方法を紹介するね。iPadへのインストールは、11ページを見ながら大人の人にやってもらおう。

① ビスケットを動かそう

1 iPadを横にする

2 viscuitをおす

② 画面を表示しよう

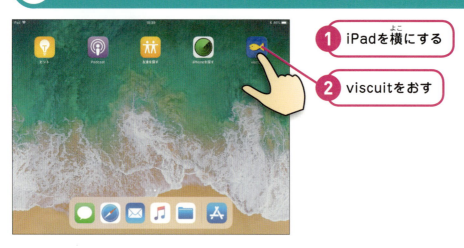

1 みんなでつくるをおす

2 青い画面をおす

3 えんぴつボタンをおす

3 制作画面が表示されたよ

やってみよう その1 ビスケットを始めよう

◆ 制作画面

◆ ステージ
この上で部品が動くよ

◆ メガネ置き場
メガネを置いてプログラミングするよ

◆ えんぴつボタン
ここをおすとお絵かき画面が出るよ

◆ 回転ボタン
部品を回転するときにおすよ

◆ 部品置き場
描いた絵が表示されるよ

◆ メガネ
この中に部品を入れてプログラミングするよ

◆ バツボタン
プログラミングを終わるときにおすよ

たくさんあるけど、全部覚えなくても使えるよー

19

レッスン 3 お絵かき画面を表示しよう

やった日　月　日

プログラミングに使う絵柄は、全部お絵かき画面で作るよ。お絵かき画面でできることを覚えよう。

① お絵かき画面を出そう

えんぴつボタンをおす

◆ お絵かき画面

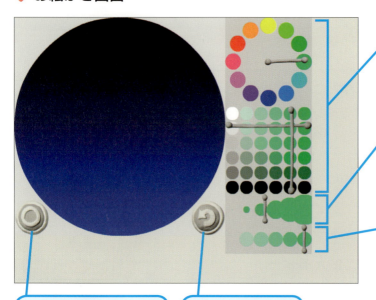

◆カラーパレット
好きな色を選べるよ

◆太さ
線の太さを選べるよ

◆透明度
色のこさを変えられるよ

◆まるボタン
絵が完成したらおそう

◆もどるボタン
1つ前にもどるよ

② 絵を描いてみよう

1 指で絵を描いてみよう

ここでは、お魚の絵を描くよ

絵ができたらまるボタンをおして部品置き場に置くよ

2 まるボタンをおす

③ 絵をステージに置こう

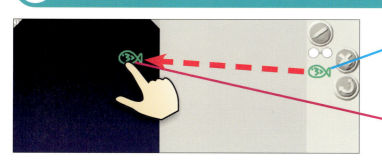

部品置き場に絵が表示されたよ

絵をステージに動かして指をはなす

④ ビスケットを終わらせよう

1 バツボタンをおす

2 まるボタンをおす

元の画面にもどるよ

一度保存した作品をもう一度保存する時は14ページを見てね

やってみよう その1 ビスケットを始めよう

レッスン 4 ビスケットを続きから始めるには

やった日　月　日

ビスケットで作った作品は専用のサーバーに保存されるよ。遊んだステージの色と日付を覚えておいてね。

１ 作品の一覧を画面に出そう

1 みんなでつくるをおす

2 探している作品の色をおす

3 ここをおす

どこにあるか見つかるかなー

見つからなかったらまたお絵かきしよう

② 作品が入ったフォルダーを探そう

- 作品を作った日付のフォルダーをおす
- フォルダーの中には16作品ずつ入っているよ。フォルダーがいくつかある場合は1つずつ探していこう

③ フォルダーの中から作品を見付けよう

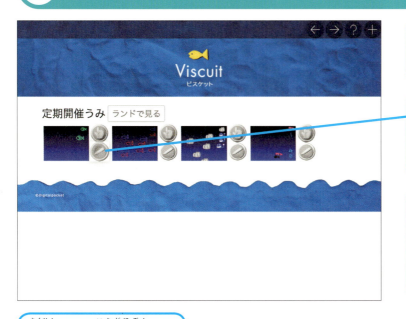

- 絵を見て自分の作品を探そう
- 作品が見つかったらえんぴつボタンをおすと、制作画面が出るよ
- 新しい作品は右すみに表示されるよ。作品が見つからなかったら、別のフォルダーを探そう

作品をもう一度保存する時は14ページを見てね

やってみよう その1 ビスケットを始めよう

やった日
月　日

お絵かき画面を表示して、好きな絵を描いてみよう。
上手に描けるかな？

たくさん描いたらステージに入れておこう。次のレッスンでも使えるよ！

やってみよう その2

お魚を泳がせよう

いよいよプログラミングを始めるよ！　ステージを海にして、君が描いたお魚やタコさんを泳がせよう。たくさん描いてもOKだよ！

レッスン
- ❺ 複数の色でお魚を描いてみよう……………26
- ❻ ステージにお魚を置こう……………28
- ❼ お魚を前に動かそう……………30
- ❽ タコさんを描こう……………32
- ❾ タコさんをゆらゆら動かそう……………34

ビスケットのプログラミングは、「メガネ」で作るよ。指で動かすだけだから簡単だよ！

レッスン 5　複数の色でお魚を描いてみよう

やった日　月　日

好きな色でお魚の絵を描こう。お魚が左がわを向いているようにしよう。

① お絵かき画面を出そう

レッスン2を見ながらみんなでつくるの制作画面にしておこう

えんぴつボタンをおす

② 色を選ぼう

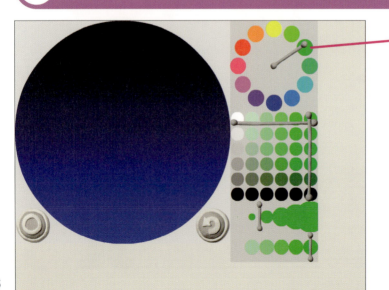

緑色をおす

ヒント！
海は青いから、目立つ色にしよう！

③ お魚の体を描こう

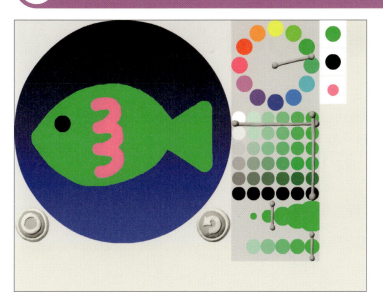

わくの中にお魚の絵を描こう。色を変えて体の模様や目も描こう

ヒント！
色は重ねられるよ。やり直すときはもどるボタンをおそう。

やってみよう その2 お魚を泳がせよう

④ 制作画面を出そう

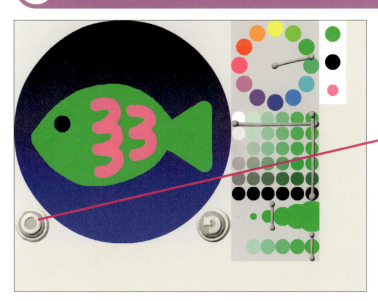

絵ができたらまるボタンをおして部品置き場に置くよ

まるボタンをおす

うまく描けなくても大じょう夫だよー

27

レッスン 6 ステージにお魚を置こう

やった日　月　日

描いたお魚をステージに入れてあげよう。お魚の絵を指で軽くおさえて、画面をなぞると上手くいくよ。

① お魚をステージに置こう

さっき描いたお魚がここに表示されるよ

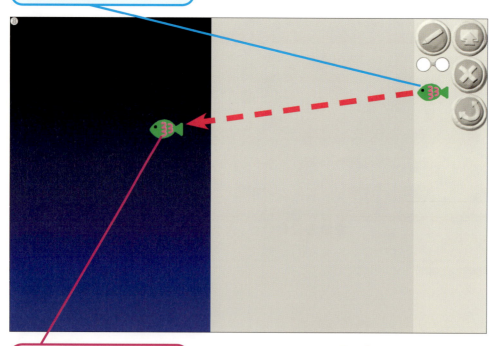

お魚を指で軽くおさえて、ステージまで運ぶ

ヒント！
メガネ置き場に落ちちゃっても大じょう夫。そこからステージに運べるよ。

② お魚をもっとステージに置こう

やってみよう その2 お魚を泳がせよう

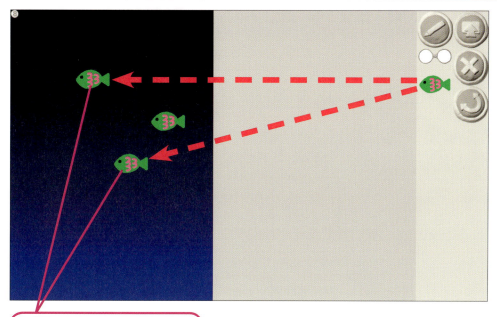

お魚をあと2ひきステージに置く

たくさん入って にぎやかになってきたね

次のページで動かすよー！

レッスン 7 お魚を前に動かそう

やった日　月　日

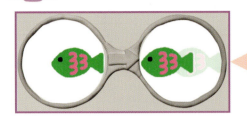

いよいよ、メガネを使ってプログラミングするよ。あせらずにゆっくりやってみよう！

① メガネをメガネ置き場に置こう

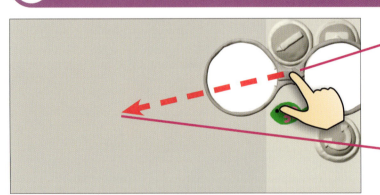

1 メガネをおす

メガネが大きくなったよ

2 そのままメガネ置き場に動かす

② メガネの左がわにお魚を入れよう

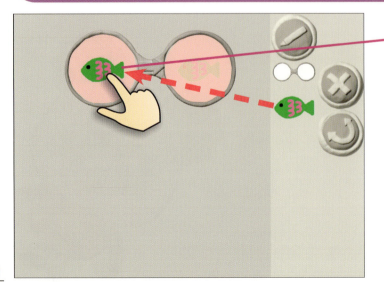

お魚を動かしてメガネの左がわに入れる

メガネが赤くなったね

ヒント！
プログラミングを作っている途中は、メガネが赤くなるよ。あわてずに次に進もう。

③ メガネの右がわにお魚を入れよう

やってみよう その2 お魚を泳がせよう

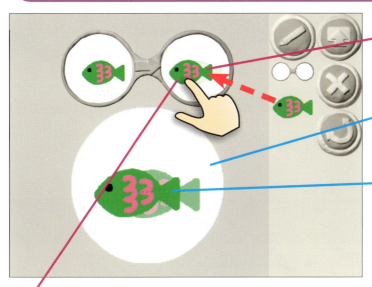

1 お魚を動かしてメガネの右側に入れる

メガネの中が大きくなったよ

後から入れたお魚が左にこく表示されるようにしよう

2 お魚を少し前にずらして指をはなす

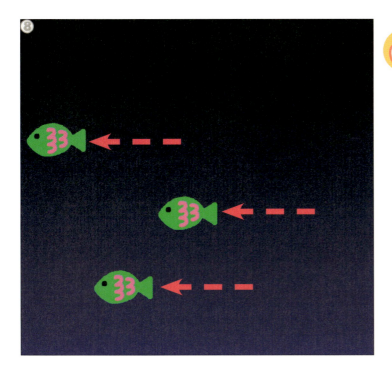

動きをチェックしよう
ステージのお魚がいっぺんに動き始めたよ！ 右がわの絵をもっと前にずらすとどうなるかな？

31

レッスン 8 タコさんを描こう

やった日　月　日

今度はタコさんを描いてみよう。体が完成してから、すみの絵も描くよ。

① お絵かき画面を出そう

えんぴつボタンをおす

② タコさんの絵を描こう

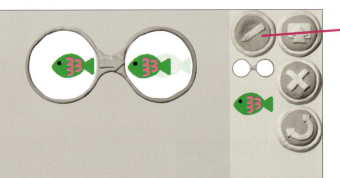

ここにさっき描いたイラストが出るよ

タコさんの体を描く

ヒント！
足は線の太さを変えると描きやすいよ。

③ タコさんの目や口を描こう

色を変えて目や口を描く

口は茶色っぽい色にすると描きやすいよ

やってみよう その 2 お魚を泳がせよう

④ 色のこさを変えてすみを描こう

1 黒色をおす

2 ここを動かして色のこさを変える

ヒント！
色のこさは左にするほどとう明になるよ！

3 最初に外がわ、次に内がわに色を重ねてスミを描く

4 まるボタンをおす

レッスン 9 タコさんをゆらゆら動かそう

やった日　月　日

タコさんができたら、ステージに置いてゆらゆら動かそう。新しいメガネを2つ使うよ！

① タコさんをステージに置こう

タコさんをステージに2ひき置く

タコさんはまだ動かないよ

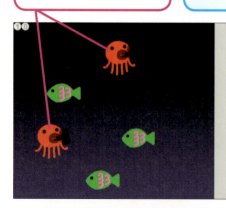

② 新しいメガネを出そう

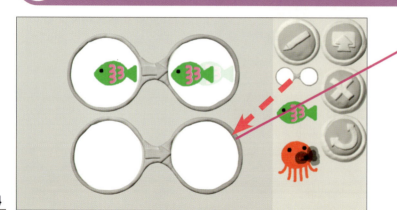

新しいメガネをメガネ置き場に出す

前のメガネの下に入れると整理しやすいよ

③ タコさんを上に動かそう

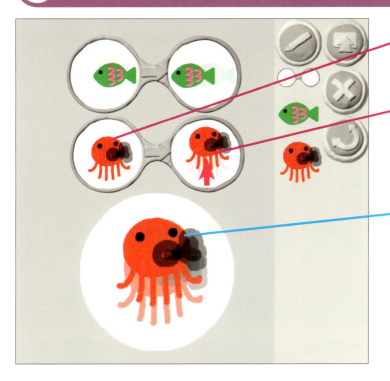

1. メガネの左がわにタコさんを入れる
2. メガネの右がわにもタコさんを入れて、上にずらす

後から入れたタコさんが上にこく表示されるようにしよう

やってみよう その2 お魚を泳がせよう

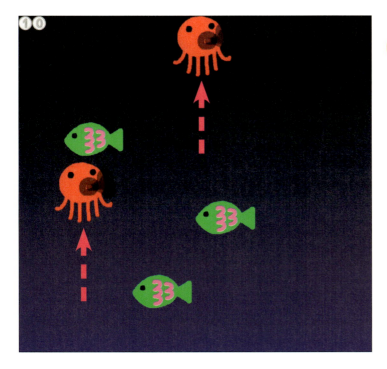

☝ **動きをチェックしよう**
タコさんが上に進むようになったね。ゆらゆら動かすにはどうするんだろう？

次のページに続く　35

④ メガネをもう1つ足そう

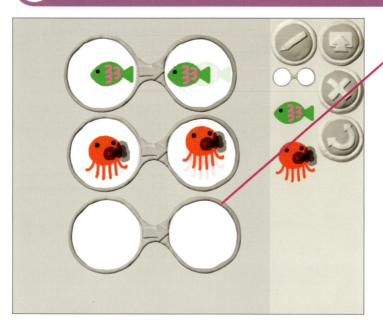

さっきのメガネの下にもう1つメガネを足す

⑤ タコさんを下に動かそう

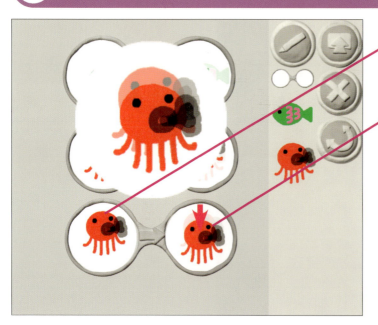

1 メガネの左がわにタコさんを入れる

2 メガネの右がわにもタコさんを入れて、下にずらす

動きをチェックしよう

タコさんが上に行ったり、下に行ったりするようになったよ！同じ絵のメガネが2つあると、1ひきのタコさんに別の動きを付けられるんだね。

やってみよう その2
お魚を泳がせよう

次の「やってみよう その3」でもこのお魚とタコさんを使うよ。画面はそのままにしておいてね！

お魚が速く泳いだり、ゆっくり泳いだりするにはどうしたらいいかな？

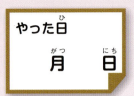

答え

メガネをもう1つ出そう

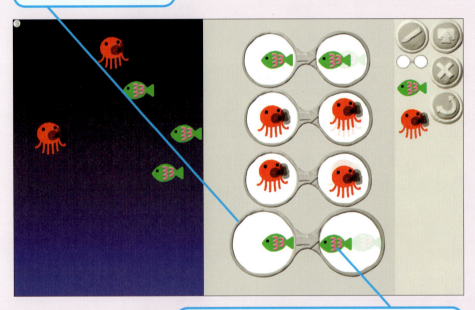

お魚をメガネの左がわに入れて、右がわにも入れよう。たくさんずらすと速く泳ぐよ

お魚の進む向きは同じだけれど、速さがちがうんだね！

やって みよう その**3**

海をにぎやかにしよう

岩やうず、口がぱくぱく動くお魚を足してみよう。
お魚が岩をよけたり、うずがぐるぐる回ったりするよ。

レッスン
⑩ お魚が岩をよけるようにしよう……………40
⑪ ぐるぐる回るうずを作ろう……………44
⑫ お魚の口をぱくぱく動かそう……………48

たくさん絵を描いて、
君だけの水族館を作ろう！

お魚が岩をよけるようにしよう

やった日　月　日

岩の部品を描いて、ステージに置こう。
お魚がぶつからないように、よけさせてあげてね！

① 岩の絵を描こう

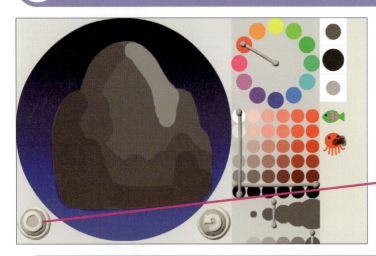

1. お絵かき画面を表示して岩の絵を描く

いろいろな色を重ねると岩っぽくなるよ

2. まるボタンをおす

② 岩をステージに置こう

岩の部品をステージに置く

お魚の前に置こう

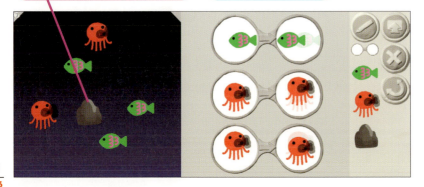

③ メガネに岩を入れよう

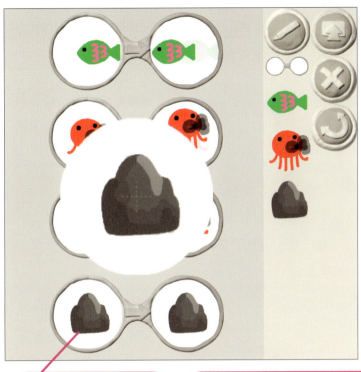

1 新しいメガネをメガネ置き場に置く

「＋」がチカチカしたら指をはなそう

ヒント！
メガネの右がわで部品を動かすと、十字型の点線が出るよ。そのままおし続けて「＋」がチカチカしたらそっと指をはなすときれいに重なるよ。

2 左がわに岩を入れる　**3** 右がわに岩を入れてぴったり重ねる

👆 動きをチェックしよう
お魚が岩の後ろを泳いでいくね。次のページでよけるメガネを作ろう。

やってみよう その3 海をにぎやかにしよう

次のページに続く

④ 岩を入れたメガネにお魚を入れよう

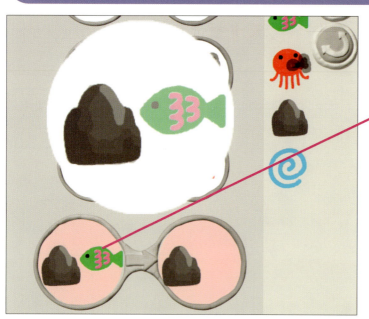

前のページで作ったメガネを使うよ

1. メガネの左がわにお魚を入れて、岩にくっつける

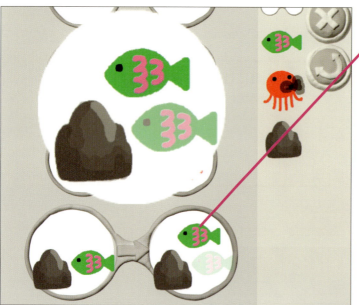

2. メガネの右がわにお魚を入れて、岩の上にずらす

お魚が岩にふれないようにしよう

部品がメガネの外に落ちないように気を付けよう！

動きをチェックしよう

お魚が岩をよけるようになったね。岩に当たる場所によってお魚がよけないこともあるよ。しばらく見てみよう。

チャレンジ！
岩をたくさん入れる

岩を階段みたいに並べてみよう。全部よけられるかな？

やってみよう その3 海をにぎやかにしよう

レッスン 11 ぐるぐる回るうずを作ろう

やった日　月　日

今度は海の中でぐるぐる回るうずを作るよ。見ていると目が回っちゃうよ〜。

① うずの絵を描こう

1 水色を使ってぐるぐる模様を描く

2 まるボタンをおす

ぐるーっとつながっている模様にしよう。はみ出さないようにしてね！

② うずをステージに置こう

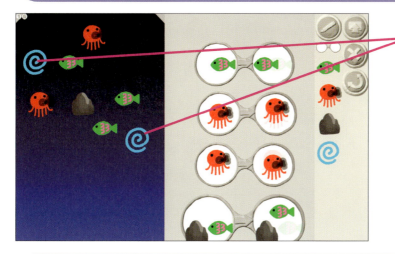

うずを2つステージに置く

③ メガネにうずを入れよう

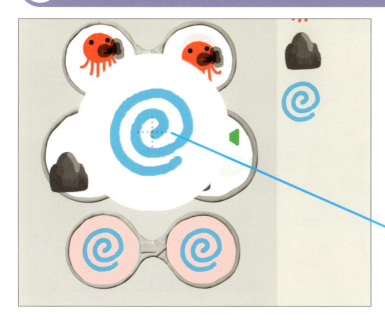

新しいメガネを出して、両側にうずを入れる

ヒント！
新しいメガネは下に動かせば、メガネ置き場の一番下に入れられるよ。

「＋」がチカチカしたら指をはなそう

やってみよう その3
海をにぎやかにしよう

場所は変えないで、そのままぐるぐる回るようにするよ

次のページに続く

45
できる

④ うずを回転させよう

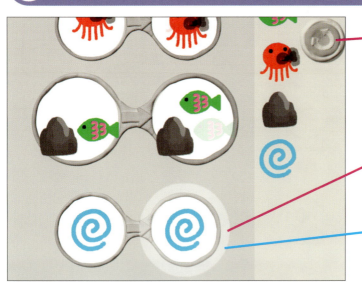

① 回転ボタンをおす

ボタンのところがへこんだままになったね

② メガネの右がわのうずをおす

白い○が出てきたよ

③ 白い○を指でなぞる

ここでは右回りに指を動かして、うずの絵をななめにするよ

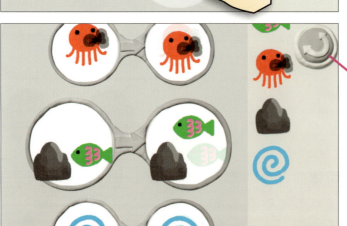

回転ボタンを元にもどすよ

④ 回転ボタンをおす

動きをチェックしよう

メガネの中でうずをななめにするほど、回り方が速くなるよ。でも逆様にすると、今度は反対回りになっちゃうんだ。

やってみよう その3 海をにぎやかにしよう

ずっとぐるぐる回ってるねー

ずっと見ていたら目が回ってきちゃったよ〜〜〜

レッスン **12**

お魚の口をぱくぱく動かそう

やった日　月　日

新しいお魚を2つ描いて、口をぱくぱく動かしてみよう。上からなぞって絵を描く方法を教えるよ！

① 口を閉じたお魚を描こう

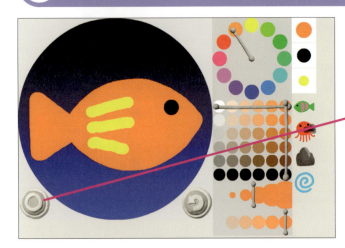

1 お絵かき画面を出して口を閉じたお魚を描く

2 まるボタンをおす

② お魚の絵を下絵にしよう

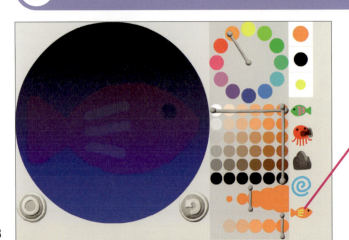

もう一度お絵かき画面を表示しよう

さっき描いた絵をおす

絵がうっすらと点滅するよ

48

③ 口を開けたお魚の絵を描こう

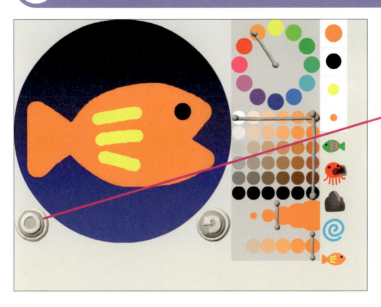

1 元の絵をなぞって口を開けたお魚を描く

2 まるボタンをおす

やってみよう その3 海をにぎやかにしよう

④ ステージにお魚を置こう

口を閉じたお魚をステージに2ひき置く

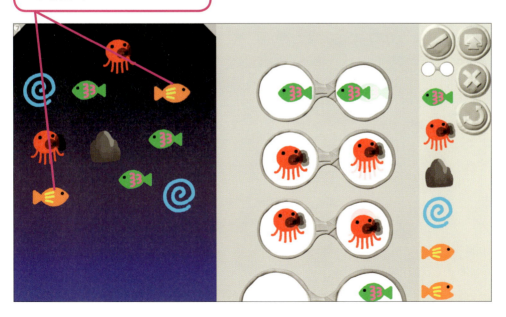

次のページに続く

49
できる

⑤ お魚が口を開けるようにしよう

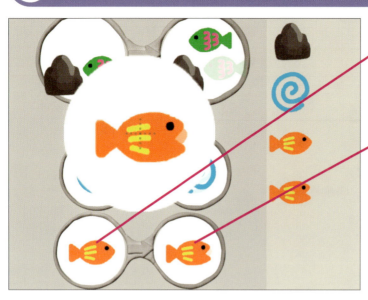

1. 新しいメガネを出して左がわに口を閉じたお魚を入れる

2. 右がわに口を開けたお魚を入れる

👆 動きをチェックしよう
ステージのお魚が口を開けたけど、開いたままだね。

6 お魚の口をぱくぱくさせよう

やってみよう その3 海をにぎやかにしよう

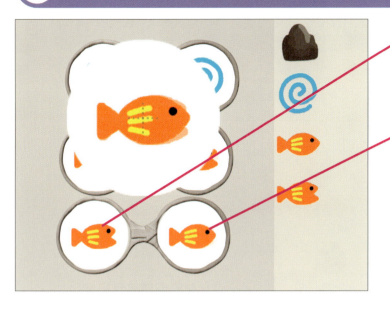

1. 新しいメガネを出して左がわに口を開けたお魚を入れる
2. 右がわに口を閉じたお魚を入れる

動きをチェックしよう
お魚が口をぱくぱくしているね！

問題

お魚が口をぱくぱくしながら前に進むようにしよう。レッスン12のメガネを使って作るよ。

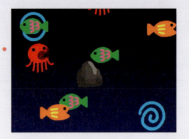

やった日
月　　日

答え

ぱくぱくの動きを作ったメガネを使うよ

1 右がわのお魚を右にずらす

その下にあるメガネも使うよ

2 こっちのお魚も右にずらす

やってみよう その**4**

おサルにリンゴを拾わせよう

ここからは「ひとりでつくる」モードを使うよ。
できることがいろいろと増えるから、作りながら覚えていこう！

レッスン
⑬「ひとりでつくる」の画面を見てみよう………54
⑭ トラックを走らせてリンゴを落とそう………56
⑮ トラックが画面のはじで
　消えるようにしよう……………………………60
⑯ おサルの動きを作ろう…………………………62

ここからちょっとレベルアップ。
「ひとりでつくる」でもっとすごい
プログラムを作っちゃうよ！

レッスン 13 「ひとりでつくる」の画面を見てみよう

やった日　月　日

「ひとりでつくる」だとメガネの左右で部品を増やしたり、画面をさわって部品を動かしたりできるよ。新しい機能をチェックしよう！

① ひとりでつくるを選ぼう

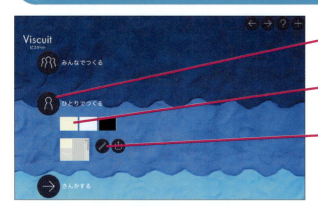

1 ひとりでつくるをおす
2 クリーム色の画面をおす
3 えんぴつボタンをおす

② 制作画面が表示されたよ

◆ 制作画面

◆ 音符マーク
音を出せるよ

◆ 指マーク
画面をさわると部品が動くようにするよ

◆ 送るボタン
ビスケットに作品を送れるよ

◆ 設定ボタンをおす

◆ あそぶボタン
ステージを大きな画面にできるよ

3 設定画面が表示されたよ

◆ 設定画面

◆背景の色
左で画面の上の方の色、右で画面の下の方の色を選べるよ

◆横方向のループ設定
いちばん右に動かすと、ステージの左右がつながらなくなるよ

◆縦方向のループ設定
いちばん右に動かすと、ステージの上下がつながらなくなるよ

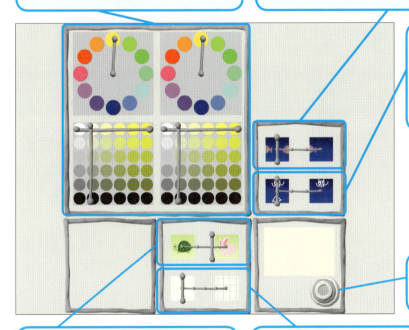

◆まるボタン
制作画面にもどるよ

◆速度設定
部品が動く速さを変えられるよ。カメの絵にするとおそくなって、ウサギの絵にすると速くなるよ

◆方眼紙設定
右に動かすとステージが見えないわくで仕切られるよ

やってみよう その4 おサルにリンゴを拾わせよう

ぐっとパワーアップしたねー！ちょっとずつ覚えていこう！

レッスン 14 トラックを走らせてリンゴを落とそう

やった日　月　日

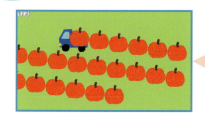

トラックが前に走ると、リンゴが1つずつ落ちるようにしよう。画面がどんどんリンゴでうまっていくよ！

① 設定画面を出そう

レッスン13を見ながらひとりでつくるの制作画面を出しておこう

設定ボタンをおす

② 背景の色を選ぼう

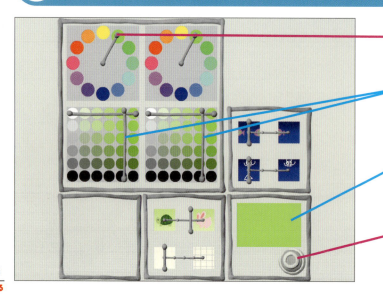

① 緑色をおす

ここを動かすと色のこさを変えられるよ

選んだ色がここに表示されるよ

② まるボタンをおす

③ トラックとリンゴを描こう

やってみよう その4 おサルにリンゴを拾わせよう

1 お絵かき画面を出してトラックを描く

トラックを描いたらまるボタンを押して制作画面にもどろう

2 もう一度お絵かき画面を出してリンゴを描く

描き終わったらまるボタンをおそう

おいしそうなリンゴだねー！

次のページに続く

④ ステージにトラックを置こう

ステージのここにトラックを置く

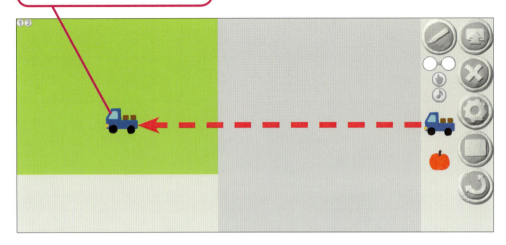

⑤ トラックを走らせよう

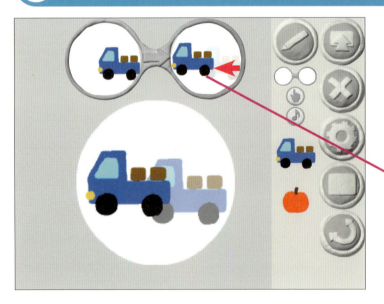

① メガネをメガネ置き場に置く

② メガネの両がわにトラックを入れる

③ 右がわのトラックを前にずらす

６ リンゴを落とそう

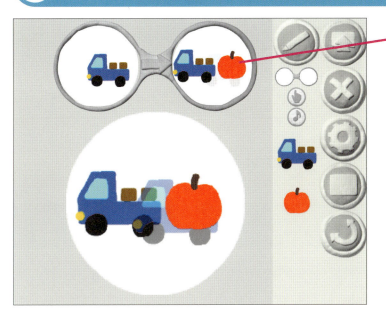

メガネの右がわにリンゴを入れる

ヒント！
ひとりでつくるだとメガネが赤くならないね。まちがって作ったものもそのまま動いちゃうよ。

やってみよう その４
おサルにリンゴを拾わせよう

動きをチェックしよう
トラックが前に進むと、リンゴが落ちていくね。トラックが左上に進んで、リンゴがどんどん増えていくよ！

レッスン 15 トラックが画面のはじで消えるようにしよう

やった日　月　日

トラックが画面のはじまできたら、そのまま消えるようにしよう。設定画面を出して横方向のループ設定を使うよ。

① 設定画面を出そう

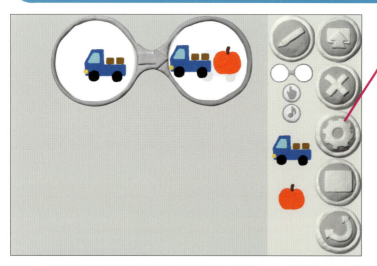

設定ボタンをおす

② ループ設定を変えよう

① 横方向のループ設定をいちばん右にする

② まるボタンをおす

動きをチェックしよう
トラックが画面のはじで消えたよ。

やってみよう その4
おサルにリンゴを拾わせよう

リンゴが1列だけ残ったね。次はおサルの絵を描くよ！

レッスン **16** おサルの動きを作ろう

やった日　　月　　日

おサルの部品を描いて、トラックの後を追わせよう。トラックからリンゴが落ちたら、おサルが拾うようにするよ。

① おサルを描こう

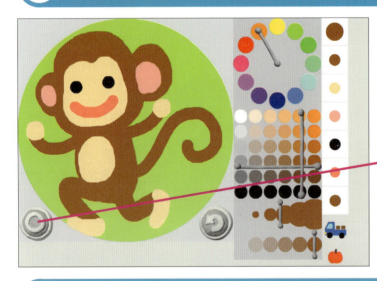

お絵かき画面を出しておこう

1. おサルの絵を描く
2. まるボタンをおす

② ステージにおサルを置こう

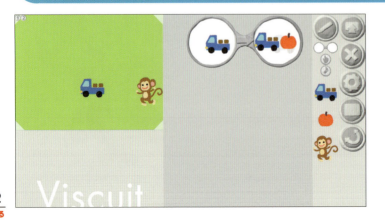

ステージのトラックの後ろにおサルを置く

ヒント！
リンゴ1つ分ぐらいはなして置くのがコツだよ。

3 おサルが前に進むようにしよう

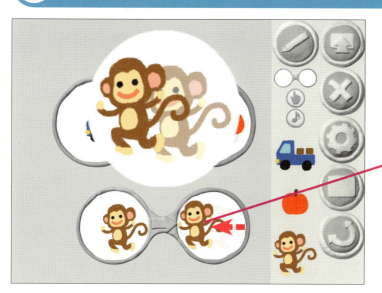

1 新しいメガネを出す

2 メガネの両がわにおサルを入れる

3 メガネの右がわのおサルを左に少しずらす

やってみよう その4 おサルにリンゴを拾わせよう

動きをチェックしよう

おサルが左に動いて、リンゴをなぞっていくね。
どうすればリンゴを拾うようになるかな？

次のページに続く

63

④ おサルがリンゴを拾うようにしよう

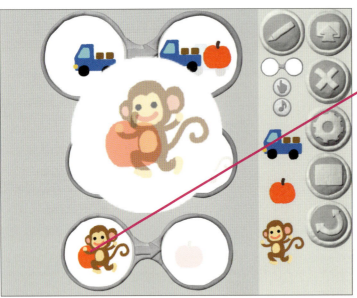

1 新しいメガネを出す

2 メガネの左がわにリンゴとおサルを入れる

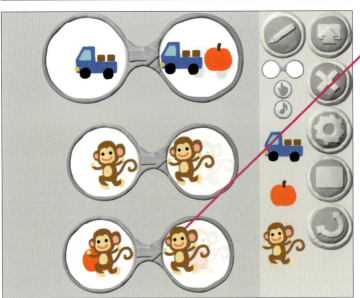

3 メガネの右側におサルだけ入れる

ヒント！
おサルを入れた時に上のメガネよりも右にずらすと、リンゴを拾った時にちょっと止まるようになるよ。

64

動きをチェックしよう

おサルがリンゴを拾うようになったね。おサルが上下に動いてしまうときは、手順3と手順4のメガネで直そう。

チャレンジ！
全体のスピードを速くしてみよう

設定画面で全体のスピードを変えてみよう。全体のスピードが速くなってもリンゴが落ちる数は変わらないよ。

ここをウサギにして画面をチェックしよう

やってみよう その4 おサルにリンゴを拾わせよう

問題

リンゴのしんの部品を作って、おサルがリンゴを拾ってからしんだけ捨てるようにしよう。

やった日　月　日

答え

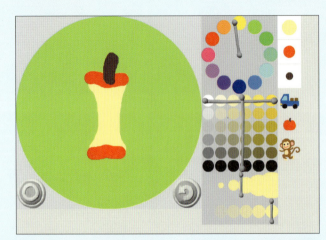

お絵かき画面でリンゴのしんの絵を描こう

このメガネの右がわにリンゴのしんを入れよう

そうじ機の部品を作って、しんを吸い取る動きも作ってみよう！

やってみよう　その5

画面をおして宝箱を開けよう

あそぶ画面で宝箱を指でおすと、中から宝石かお化けが出るようにするよ。指ボタンの使い方を覚えよう！

レッスン		
⑰	宝箱を描こう	68
⑱	指でおした時に宝箱が開くようにしよう	70
⑲	宝箱から宝石を出そう	74
⑳	宝箱からお化けを出そう	76
㉑	開いたら音が出るようにしよう	78
㉒	宝箱が動くようにしよう	80

画面を指でさわって、ビスケットの部品を動かせるようにするよ。これでゲームが作れるよ！

レッスン 17 宝箱を描こう

やった日　月　日

部品を作る前に設定画面を出して方眼紙設定をするよ。方眼紙設定をすると、部品がマスにぴったり入るようになるよ！

① 設定画面を出そう

レッスン13を見ながらひとりでつくるの制作画面を出しておこう

設定ボタンをおす

② 方眼紙を設定しよう

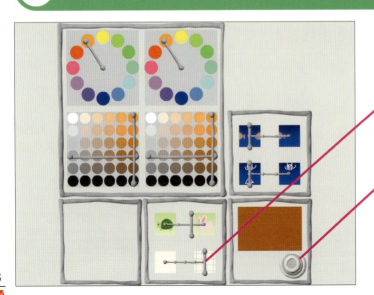

1. 背景の色を茶色にする
2. 方眼紙設定を一番右まで動かす
3. まるボタンをおす

③ ふたが閉じている宝箱を描こう

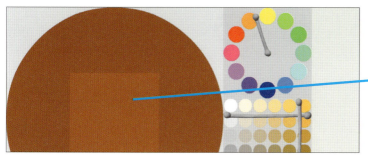

1 お絵かき画面を出す

方眼紙のマスが表示されるよ

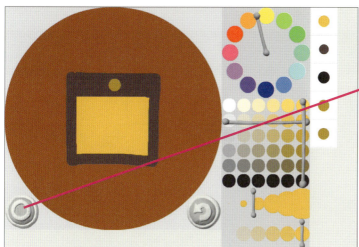

2 閉じている宝箱を描く

3 まるボタンをおす

④ ふたが開いている宝箱を描こう

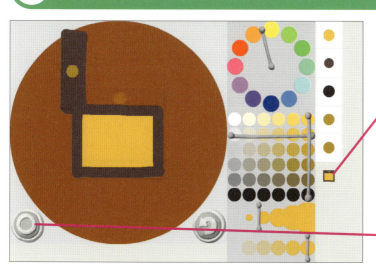

1 お絵かき画面を出す

2 閉じている宝箱をおす

3 下絵をなぞって開いている宝箱を描く

4 まるボタンをおす

やってみよう その5 画面をおして宝箱を開けよう

レッスン 18　指でおした時に宝箱が開くようにしよう

やった日　月　日

「あそぶ画面」で宝箱をおした時に、宝箱が開くようにしよう。指マークを使うよ！

① 宝箱をステージに置こう

- 閉じている宝箱を3つステージに置く
- ステージにマス目が出るよ

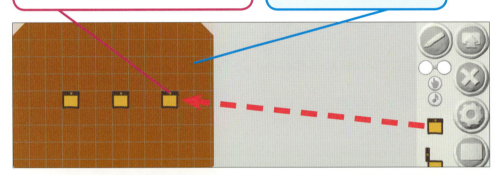

② 宝箱が開くようにしよう

1. メガネをメガネ置き場に出す
2. 左がわにふたが閉じている宝箱を入れる
3. 右がわにふたが開いている宝箱を入れる

メガネの中もマス目が出るよ

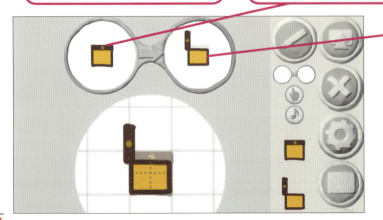

ヒント！
方眼紙設定にすると、画面にマス目が表示されるようになるね。このマス目に合わせて部品をぴったりと並べられるよ。

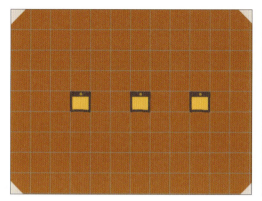
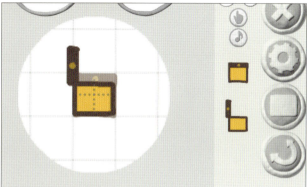

やってみよう その5

画面をおして宝箱を開けよう

👆 **動きをチェックしよう**
宝箱が勝手に開いちゃうね。指でおした時だけ開くようにするには、どうすればいいのかな？

次のページに続く

③ 指でおすと宝箱が開くようにしよう

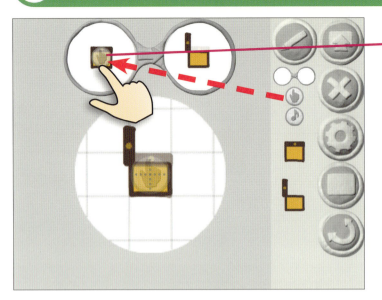

メガネの左がわに指マークを入れて宝箱の上に重ねる

ヒント！
必ずメガネの左がわに入れてね。右がわに入れても動かないよ。

④ あそぶ画面を表示しよう

あそぶボタンをおす

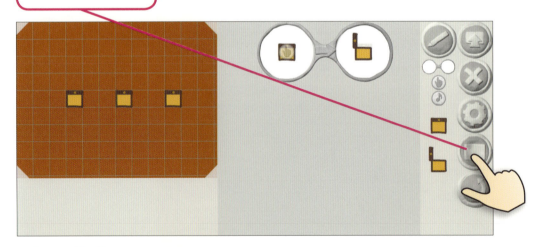

ヒント！
指マークを入れたときの動きはあそぶ画面でチェックしよう。

動きをチェックしよう
宝箱の上をおすと開くようになったね。次は中身を作ろう！

やってみよう その5

画面をおして宝箱を開けよう

このボタンをおすと制作画面にもどるよ

このボタンをおすと最初からやり直せるよ

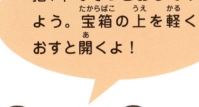
指1本でそっとおしてみよう。宝箱の上を軽くおすと開くよ！

うまくいかないときは、メガネの中の指マークをチェックしよう！

レッスン 19 宝箱から宝石を出そう

やった日　月　日

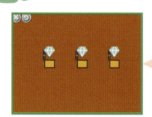

宝石の部品を作って、宝箱の中に入れよう。開けたら出てくるようにするには、どうすればいいかな？

① 宝石を描こう

お絵かき画面を出しておこう

1 宝石を描く

2 まるボタンをおす

細い線で描くと上手く描けるよ。丸い宝石も描いてみよう！

② 宝箱に宝石を入れよう

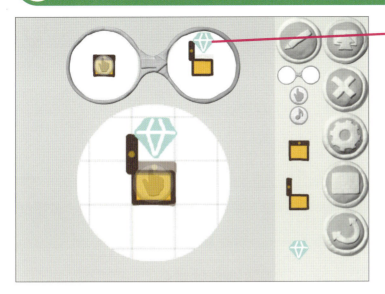

メガネの右がわに宝石を入れる

やってみよう その5
画面をおして宝箱を開けよう

👆 動きをチェックしよう
あそぶ画面を出して宝箱をおしてみよう。宝石が出てくるよ。

レッスン **20** 宝箱からお化けを出そう

やった日　月　日

今度はお化けの部品を作って、宝箱の中に入れよう。開けたらどちらが出てくるかな？

① お化けを描こう

お絵かき画面を出しておこう

1 お化けを描く

2 まるボタンをおす

お化けがきらいな人は他の宝石を描いてね

② 宝箱にお化けを入れよう

やってみよう その5
画面をおして宝箱を開けよう

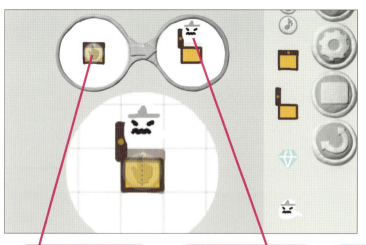

1 新しいメガネを出す

2 左がわに閉じた宝箱、右がわに開いた宝箱を入れる

3 閉じた宝箱の上に指マークを重ねる

4 メガネの右がわにお化けを入れる

白い絵をメガネに入れると、見やすいようにメガネが灰色になるよ

👆 動きをチェックしよう

あそぶ画面で宝箱をおしてみよう。宝石が出たり、お化けが出たりするよ！

77
できる

開いたら音が出るようにしよう

やった日　月　日

宝箱が開いた時に音が出るようにしよう。
宝石のときとお化けの時で、ちがう音にできるよ！

① 音を選ぼう

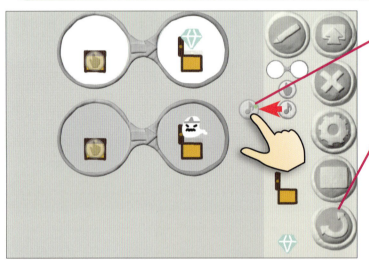

1. 音符マークをメガネ置き場に置く

2. 回転ボタンをおす

音符マークの周りに白い○が出たよ

3. 白い○を指でなぞって好きな音を選ぶ

選び終わったら回転ボタンをおして元にもどそう

② メガネに音を入れよう

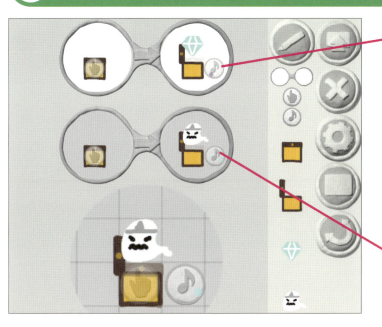

1. 宝石を入れたメガネに音符マークを入れる

ヒント！
音は全部で37個から選べるよ。この音がドで、1周すると高いドになるよ。

2. 別の音を作ってお化けを入れたメガネにも入れる

やってみよう その5
画面をおして宝箱を開けよう

動きをチェックしよう
あそぶ画面で宝箱をおしてみよう。宝石が出る時と、お化けが出る時で音がちがうね！

79

レッスン22 宝箱が動くようにしよう

やった日　月　日

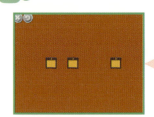

今度は指でおした所に宝箱が動くようにするよ。これも指マークを使えば簡単にできるよ！

① 新しいメガネを用意しよう

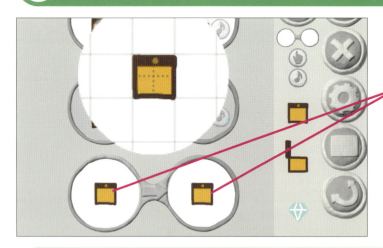

1 新しいメガネを出す

2 両方に閉じている宝箱を入れる

② 指マークを入れよう

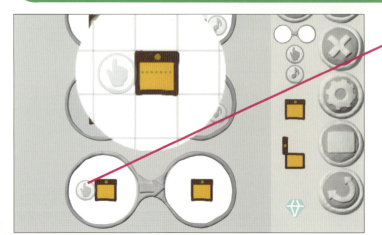

メガネの左がわに指マークを入れる

③ 宝箱をずらそう

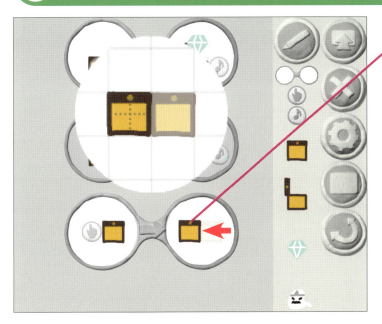

メガネの右がわの宝箱を左に1マス分ずらす

ヒント！
宝箱をずらすとき、指マークの上に合わせるとまちがえにくいよ。

やってみよう その5 画面をおして宝箱を開けよう

👆 動きをチェックしよう
宝箱の左をおすと、左に動くようになったね。もっとメガネを使えば、上下左右のどこにでも動かせるよ！

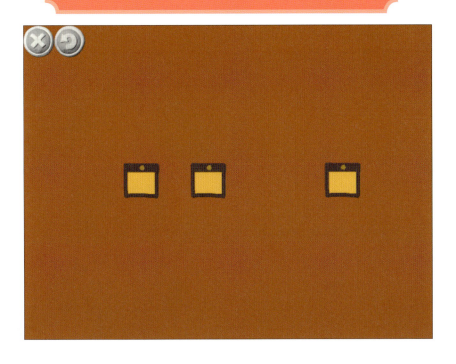

問題

指マークを使って、お化けをおすと消えるようにしよう。

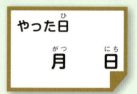

やった日
月　日

答え

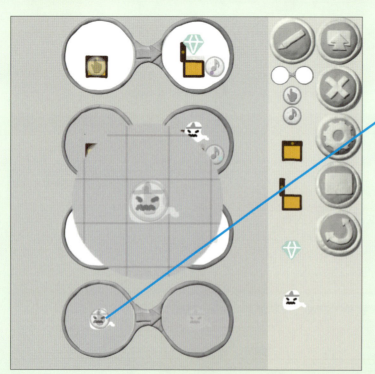

新しいメガネを出して左がわにお化けを入れよう

お化けの上に指マークを入れよう

右がわには何も入れないままにするよ

ビスケットの動かし方は分かったかな？　次のページからは、今まで覚えたことをもとに、いろいろなゲームを作るよ！

できるかな その1

シューティングゲームを作ろう

ファイターを上下に動かして、ビームをうってインベーダーをたおそう。
インベーダーは強くすることもできるよ！

レッスン		
	どうやって作るか考えよう	84
㉓	シューティングゲームの ステージと部品を用意しよう	86
㉔	ファイターを動かそう	88
㉕	ビームを発射しよう	90
㉖	インベーダーを動かそう	92
㉗	インベーダーをばくはつさせよう	94

どうやって作るか考えよう

▶ ゲームの動き

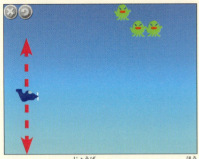

ファイターの上下をおすと、おした方に動くよ

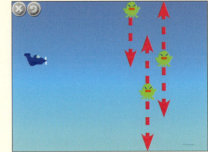

インベーダーは上下にゆらゆら動くよ

ファイターの後ろをおすとビームが発射されるよ

インベーダーをねらって全部たおそう

▶ プログラミングの部品はこれだよ！

 ファイター

 インベーダー

 ビーム

 ばくはつ

これだけでゲームができちゃうんだ！

どうやって作ればいいかな？

ファイターは指マークで動かせるね。インベーダーはゆらゆら動くようにしよう

ファイターの後ろをおすとビームが飛んでいくのね。画面のはしで消さなくっちゃ

インベーダーにビームが当たるとばくはつするんだね。部品を重ねればできそう

それでは、やってみよう！

85

レッスン 23 シューティングゲームのステージと部品を用意しよう

やった日　月　日

まずは、ステージと部品を用意するよ。ステージは方眼紙にして、左右がつながらないようにしよう。

① 背景の色などを決めよう

1 上の方の色をこい青にする

2 下の方の色をうすい青にする

3 左右のループ設定をつながらないにする

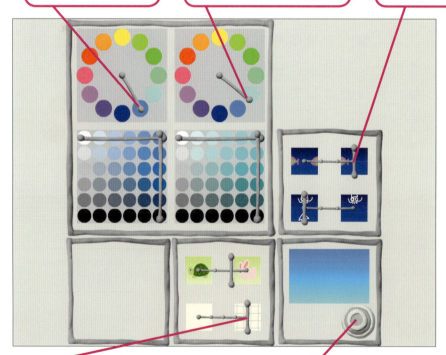

4 方眼紙設定はいちばん大きくする

5 まるボタンをおす

② 部品を描こう

◆ ファイター

◆ インベーダー

◆ ビーム

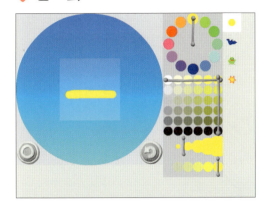

◆ ばくはつ

③ ステージに並べよう

ステージの左がわにファイター、右がわにインベーダーを並べるよ。インベーダーはばらばらに並べよう

できるかな その1 シューティングゲームを作ろう

レッスン 24 ファイターを動かそう

やった日　月　日

ファイターの上下をさわったら、さわった方に動くようにしよう。指マークを使うよ。

わからないときは ➡ レッスン22

① 上に動く動きを作ろう

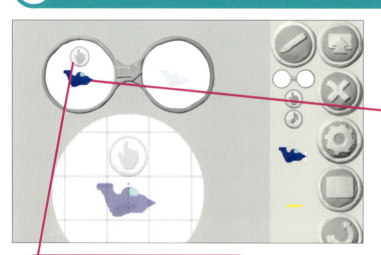

1 メガネをメガネ置き場に出す

2 左がわにファイターを入れる

3 ファイターの上に指マークを置く

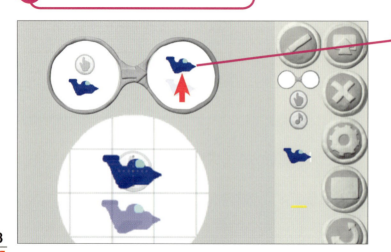

4 メガネの右側にファイターを入れて、上に1マス分ずらす

88

② 下に動く動きを作ろう

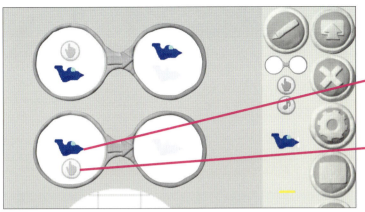

1 新しいメガネを出す

2 左がわにファイターを入れる

3 ファイターの下に指マークを置く

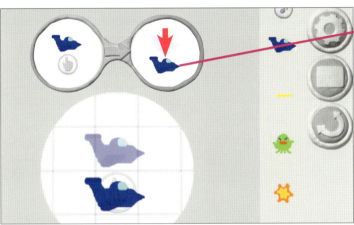

4 メガネの右側にファイターを入れて、下に1マス分ずらす

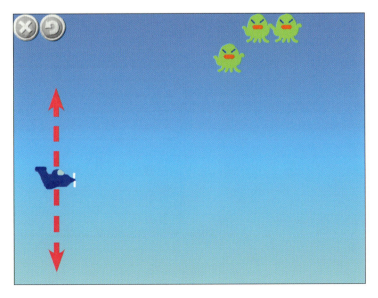

動きをチェックしよう

あそぶ画面を出してファイターが動くかチェックしよう。動かない時はもう一度2つのメガネと指マークを見直してみよう。

できるかな その1 シューティングゲームを作ろう

レッスン 25 ビームを発射しよう

やった日　月　日

ファイターからビームが出るようにするよ。ビームは画面のはしまで進んで消えるよ。

わからないときは ➡ レッスン 7、19

① おしたらビームが出るようにしよう

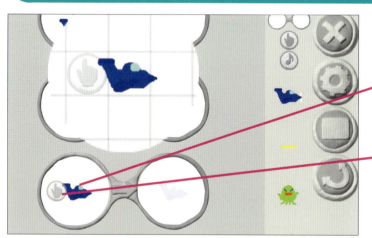

1. 新しいメガネを出す
2. 左がわにファイターを入れる
3. ファイターの後ろに指マークを入れる

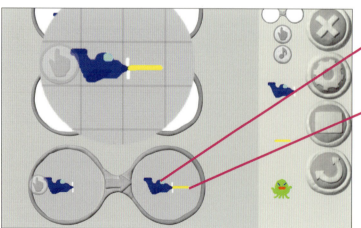

4. 右がわにもファイターを入れる
5. 右がわのファイターの前にビームを入れる

左がわと右がわで同じ場所にファイターを入れるよ

② ビームを飛ばそう

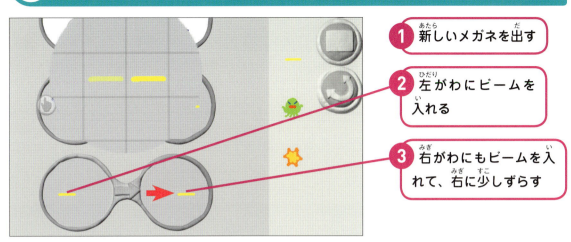

1 新しいメガネを出す
2 左がわにビームを入れる
3 右がわにもビームを入れて、右に少しずらす

👆 動きをチェックしよう
ファイターの後ろをおしてビームを出してみよう。続けておしてビームを出せるよ！

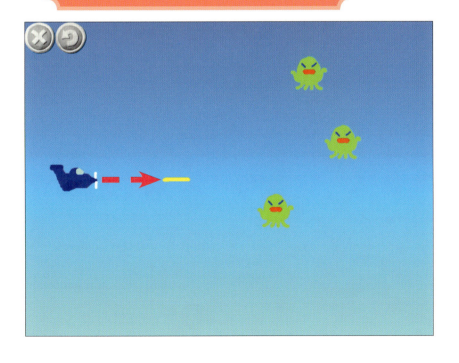

できるかな その 1 シューティングゲームを作ろう

レッスン 26 インベーダーを動かそう

やった日　月　日

インベーダーが上下にゆらゆら動くようにするよ。勝手に動くようにしよう。

わからないときは ➡ レッスン9

① 上に動く動きを作ろう

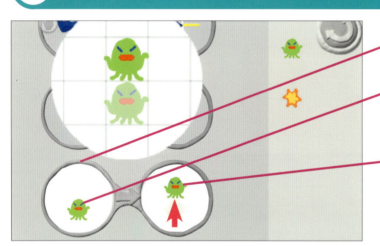

1. 新しいメガネを出す
2. 左がわにインベーダーを入れる
3. 右がわにもインベーダーを入れて、上に1マス分ずらす

② 下に動く動きを作ろう

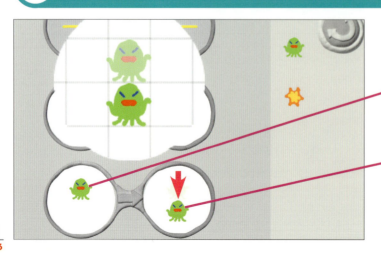

1. 新しいメガネを出す
2. 左がわにインベーダーを入れる
3. 右がわにもインベーダーを入れて、下に1マス分ずらす

92

動きをチェックしよう

あそぶ画面でインベーダーの動きをチェックしよう。
上に行ったり下に行ったりするね！

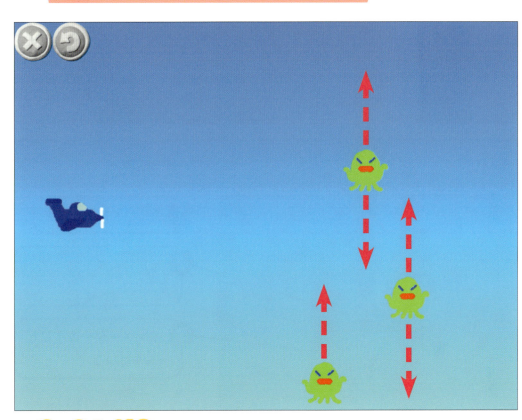

チャレンジ！

インベーダーがたまに止まるようにしよう

もう1つメガネを出して、インベーダーが止まっている動きを作ってみよう。
インベーダーが行ったり来たりしながら、たまに止まるようになるよ！

その1 シューティングゲームを作ろう

レッスン 27 インベーダーをばくはつさせよう

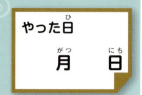
やった日　月　日

インベーダーにビームが当たったら、ばくはつするようにしよう。ばくはつした後は消えるようにするよ。

わからないときは ➡ レッスン 16

① ビームが当たったときの動きを作ろう

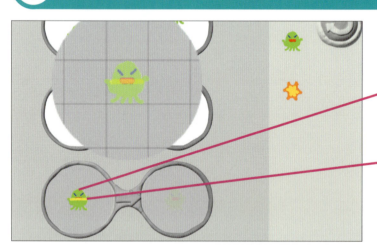

1. 新しいメガネを出す
2. 左がわにインベーダーを入れる
3. インベーダーの上にビームを重ねる

② ばくはつするようにしよう

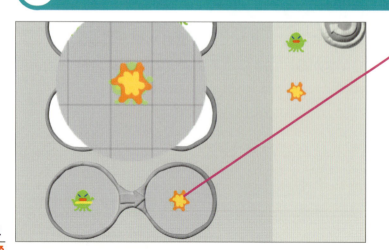

右がわにばくはつを入れる

③ ばくはつが消えるようにしよう

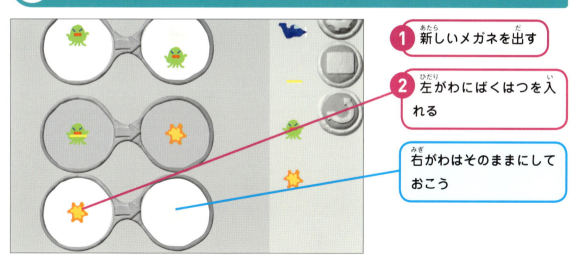

1. 新しいメガネを出す
2. 左がわにばくはつを入れる

右がわはそのままにしておこう

👆 動きをチェックしよう

これでシューティングゲームが完成したよ。
あそぶ画面にしてみんなで遊んでみよう！

できるかな その1 シューティングゲームを作ろう

95

問題

ビームが2回当たらないとたおせない、強インベーダーを作ろう。

やった日　月　日

答え

まずは強インベーダーの部品を作ろう

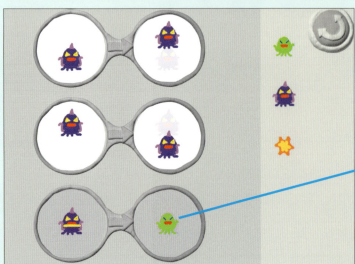

メガネはこんな感じになるよ。メガネを作ったら強インベーダーをステージに置こう

強インベーダーにビームが当たると、インベーダーに変わるようにするよ

できるかな その2

対戦ゲームを作ろう

2人で遊べる対戦ゲームを作ろう。
こうげきが当たって、ほのおに落ちると負けになるよ。

レッスン		
	どうやって作るか考えよう………………………	98
㉘	対戦ゲームのステージと部品を用意しよう…	100
㉙	青くんのこうげきを作ろう……………………	102
㉚	青くんの防ぎょを作ろう………………………	104
㉛	赤くんの動きを作ろう…………………………	106
㉜	こうげきが当たった時の動きを作ろう………	108
㉝	こうげきを防ぎょした時の動きを作ろう……	110
㉞	ゲームオーバーの動きを作ろう………………	112

どうやって作るか考えよう

▶ ゲームの動き

キャラクターの上をおすと、前に進んでこうげきするよ

キャラクターの下をおすと、その場で防ぎょするよ

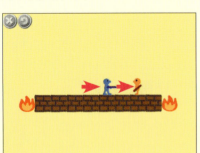

こうげきが当たると相手が下がって、防ぎょされるとこちらが下がるよ

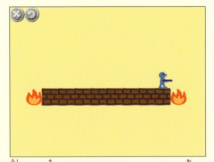

後ろに下がっていって、ほのおに落ちると消えちゃうよ

▶ プログラミングの部品はこれだよ！

◆ 青くん ふつう

◆ 青くん こうげき

◆ 青くん 防ぎょ

◆ ブロック

◆ ほのお

◆ 赤くん ふつう

◆ 赤くん こうげき

◆ 赤くん 防ぎょ

> お互いに向き合った、別の色のキャラクターを作るよ

どうやって作ればいいかな？

キャラクターの上と下に指マークを入れて、おした時にちがう絵に変わるようにしよう

青くんと赤くんがぶつかったときの、こうげきと防ぎょの組み合わせを作るよ

ほのおの上にキャラクターが乗ると消えちゃうんだね

それでは、やってみよう！

レッスン 28 対戦ゲームのステージと部品を用意しよう

やった日　月　日

1マスずつ進むように、ステージは方眼紙にしよう。左右と上下の設定は使わないよ。

① 背景の色などを決めよう

1 画面全体を黄色っぽい色にする

2 左にずらして少し明るくする

3 方眼紙設定をいちばん大きくする

4 まるボタンをおす

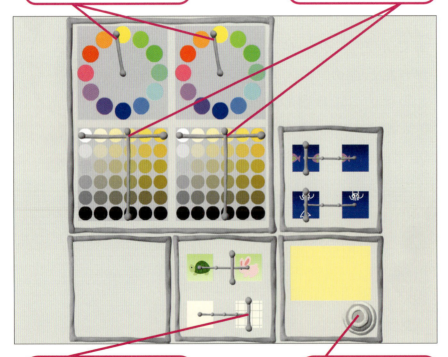

② 部品を描こう

◆ 青くん　ふつう
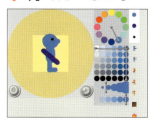

◆ 青くん　こうげき

◆ 青くん　防ぎょ

◆ 赤くん　ふつう

◆ 赤くん　こうげき

◆ 赤くん　防ぎょ

◆ ブロック

◆ ほのお

> 青くんは右、赤くんは左に向いた絵を描くよ

③ ステージに並べよう

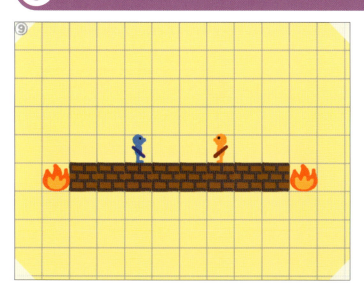

> キャラクターはふつうの形を並べるよ。両方ともほのおから同じぐらいはなれた場所に置こう

できるかな　その2　対戦ゲームを作ろう

101

レッスン 29 青くんのこうげきを作ろう

やった日　月　日

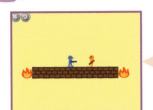

青くんの上をおしたら、右に1マス分進んでこうげきするようにしよう。

わからないときは → レッスン 22

① こうげきするときの動きを作ろう

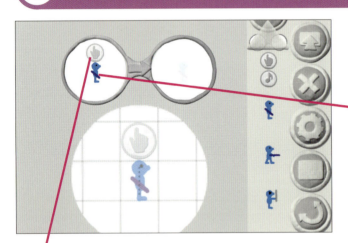

1 メガネをメガネ置き場に出す

2 左がわに青くんのふつうを入れる

3 指マークを青くんの上に入れる

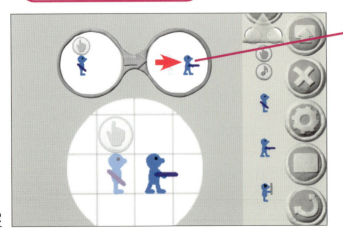

4 右がわに青くんのこうげきを入れて、右に1マス分ずらす

② 元にもどる動きを作ろう

1 新しいメガネを出す

2 左がわに青くんのこうげきを入れる

3 右がわに青くんのふつうを入れる

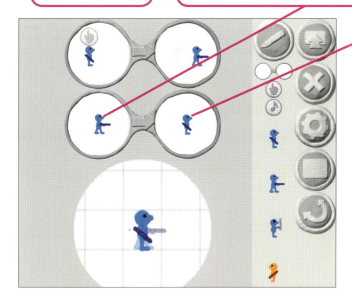

動きをチェックしよう

あそぶ画面で動きをチェックしよう。青くんの上をおすと、前に進んでこうげきするよ。その後すぐにふつうにもどるよ。

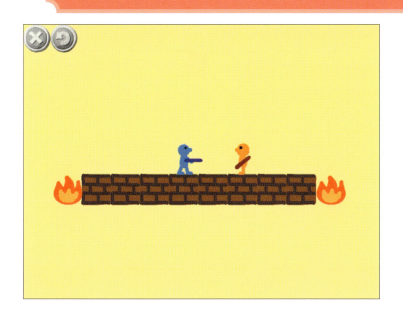

レッスン 30 青くんの防ぎょを作ろう

やった日　月　日

青くんの下をおしたら、その場で防ぎょする動きを作るよ。

わからないときは ➡ レッスン 22

① 防ぎょするときの動きを作ろう

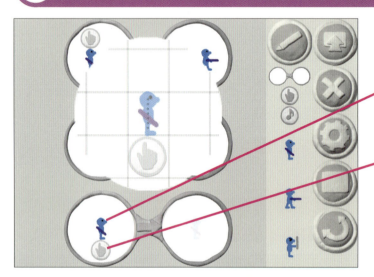

1 新しいメガネを出す

2 左がわに青くんのふつうを入れる

3 指マークを青くんの下に入れる

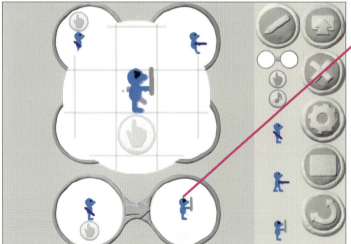

4 右がわに青くんの防ぎょを入れる

② 元にもどる動きを作ろう

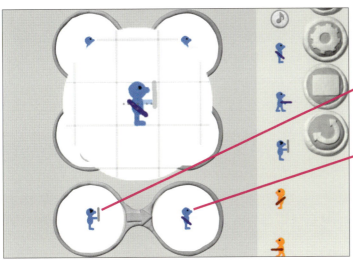

1. 新しいメガネを出す
2. 左がわに青くんの防ぎょを入れる
3. 右がわに青くんのふつうを入れる

動きをチェックしよう

あそぶ画面で動きをチェックしよう。青くんの下をおすと、その場で防ぎょするよ。こうげきしたり防ぎょしたりしてみよう。

できるかな その2 対戦ゲームを作ろう

レッスン 31 赤くんの動きを作ろう

やった日　月　日

レッスン29とレッス30のように赤くんの動きを作ろう。

わからないときは ➡ レッスン 22、29、30

① 青くんと同じようにメガネを作ろう

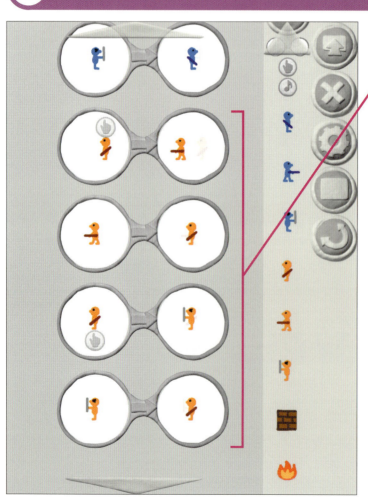

レッスン29とレッス30と同じように赤くんのこうげきと防ぎょを作る

ヒント！
赤くんがこうげきで進むときは青くんとは逆に左に1マス分進むよ。

動きをチェックしよう

赤くんが青くんと同じように動くかチェックしよう。ほかの人に手伝ってもらって、青くんと赤くんを同時に動かしてみよう。

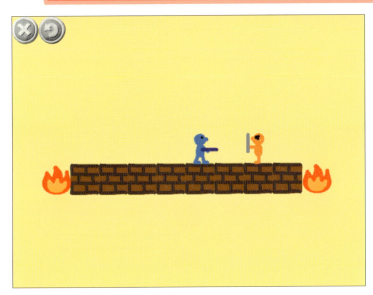

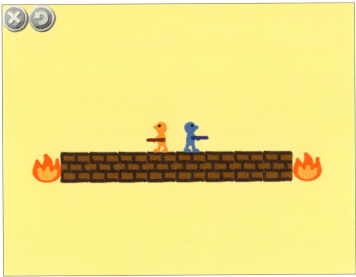

青くんと赤くんがどんどん前に進むと……あっ、すりぬけちゃった！

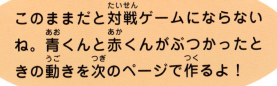

このままだと対戦ゲームにならないね。青くんと赤くんがぶつかったときの動きを次のページで作るよ！

できるかな その 2 対戦ゲームを作ろう

107

レッスン 32 こうげきが当たった時の動きを作ろう

やった日　月　日

ふつうの時にこうげきが当たったら、1歩下がるように動きを作るよ。

わからないときは ➡ レッスン10

① 青くんのこうげきが当たった時の動きを作ろう

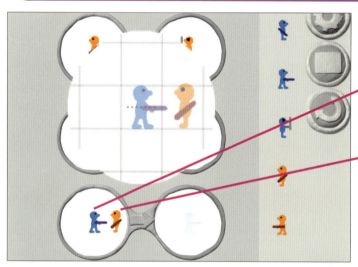

1. 新しいメガネを出す
2. 左がわに青くんのこうげきを入れる
3. 赤くんのふつうを入れる

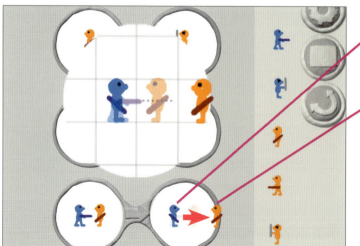

4. 右がわに青くんのふつうを入れる
5. 赤くんのふつうを入れて右に1マス分ずらす

② 赤くんのこうげきが当たった時の動きを作ろう

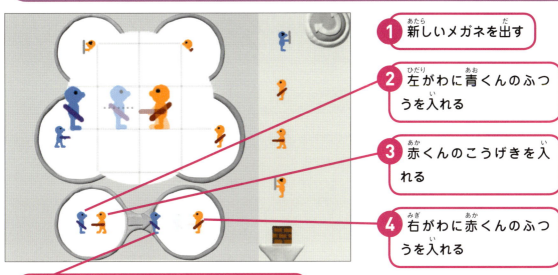

1. 新しいメガネを出す
2. 左がわに青くんのふつうを入れる
3. 赤くんのこうげきを入れる
4. 右がわに赤くんのふつうを入れる
5. 青くんのふつうを入れて左に1マス分ずらす

動きをチェックしよう

ふつうの時にこうげきが当たると、当てられた方が後ろに下がるね。青くんと赤くんを別々にチェックしよう。

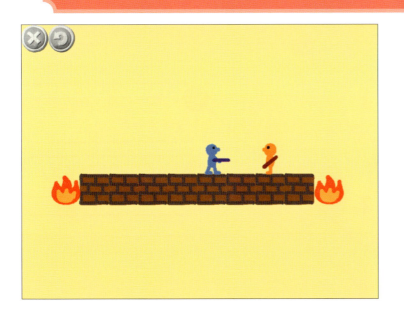

レッスン 33 こうげきを防ぎょした時の動きを作ろう

やった日　月　日

こうげきを防ぎょしたら相手を1歩下がらせるようにするよ。

わからないときは ➡ レッスン 10

① 青くんが防ぎょした時の動きを作ろう

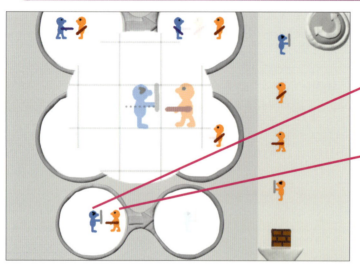

1. 新しいメガネを出す
2. 左がわに青くんの防ぎょを入れる
3. 赤くんのこうげきを入れる

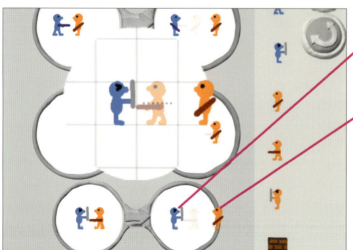

4. 右がわに青くんの防ぎょを入れる
5. 赤くんのふつうを入れて右に1マス分ずらす

② 赤くんが防ぎょした時の動きを作ろう

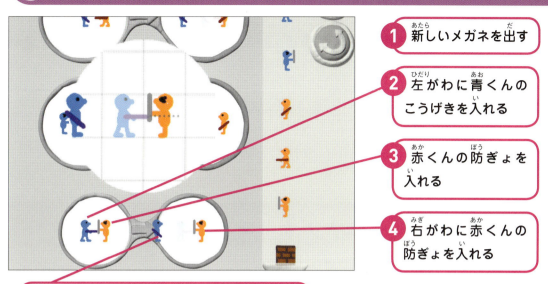

1 新しいメガネを出す
2 左がわに青くんのこうげきを入れる
3 赤くんの防ぎょを入れる
4 右がわに赤くんの防ぎょを入れる
5 青くんのふつうを入れて左に1マス分ずらす

動きをチェックしよう

青くんの上、赤くんの下を同時におして動きをチェックしよう。うまくできたら、逆も試してみよう。

できるかな その2 対戦ゲームを作ろう

レッスン 34 ゲームオーバーの動きを作ろう

やった日　月　日

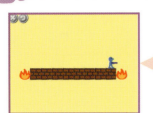

ほのおの上に乗ったキャラクターが消えるように動きを作るよ。キャラクター同士が重なった時の動きも作ろう。

わからないときは ➡ レッスン 16

① ほのおに乗った時の動きを作ろう

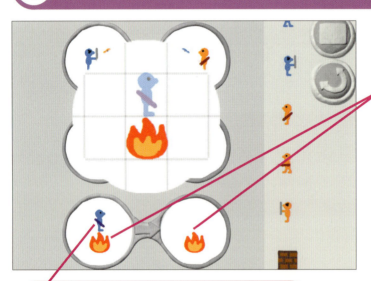

1 新しいメガネを出す

2 両方にほのおを入れる

3 左がわのメガネに青くんのふつうを入れる

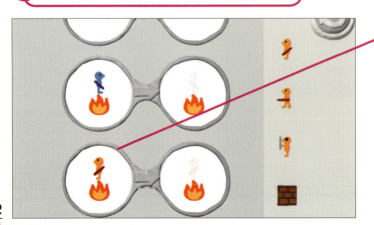

4 新しいメガネを出して赤くんも同じように作る

112

② キャラクターが重なった時の動きを作ろう

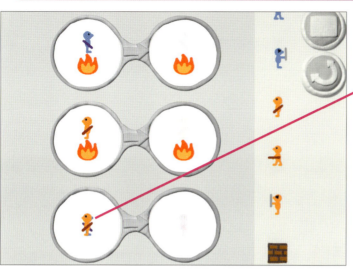

1. 新しいメガネを出す
2. 左がわに青くんのふつうと赤くんのふつうを重ねて入れる

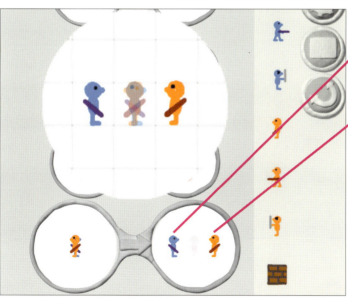

3. 右がわに青くんのふつうを入れる
4. 赤くんのふつうを入れて1マス分下げる

これでも青くんと赤くんがすりぬけちゃう時は、ゲームをやり直そう

動きをチェックしよう

これで対戦ゲームは完成だよ。友だちやまわりの人と対戦して、うまく動くかチェックしよう！

できるかな その2 対戦ゲームを作ろう

問題

ほのおの1歩手前で防ぎょした時に、相手をはね返して前に進めるようにしよう。

やった日　月　日

答え

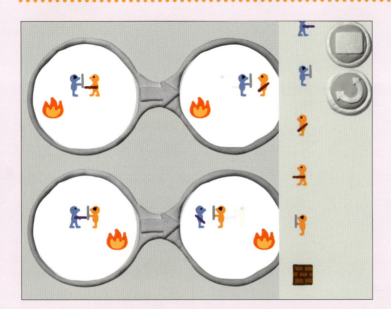

新しいメガネを出して、青くんの動きを作ろう。メガネの中にほのおも入れるのがコツだよ

赤くんがはね返す動きも作ろう。ほのおの場所は反対になるから気を付けて！

できるかな その3

作曲マシンを作ろう

自動で音楽を作って演奏する作曲マシンを作るよ。
やり直すたびに全然ちがう曲になるよ！

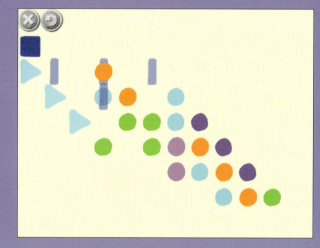

レッスン
- どうやって作るか考えよう……………………………116
- ㉟ 作曲マシンのステージと部品を用意しよう…118
- ㊱ 生成器からポッドを出そう……………………120
- ㊲ バーの動きを作ろう……………………………122
- ㊳ 音の玉を作ろう…………………………………124
- ㊴ 音の玉が自動で変わるようにしよう…………128

どうやって作るか考えよう

▶ ゲームの動き

動画でチェック！

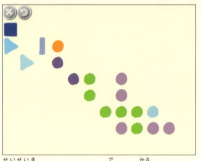
生成器からポッドが出て、重なるとななめに動くよ

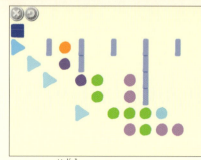
ポッドが移動するとバーができるよ。バーは右に動きながらのびるんだ

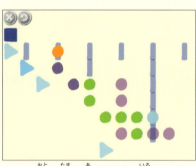
バーが音の玉に当たると、色によって違う音が出るよ

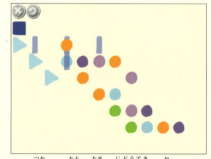
？を使って音の玉が自動的に変わるようにするよ

▶ プログラミングの部品はこれだよ！

◆ 生成器 　　　◆ ポッド 　　　◆ バー 　　　◆ ？

◆ 音の玉

どうやって作ればいいかな？

生成器がポッドを次々に出すよ。ポッドが重なったら右下に動くのね

ポッドが動くとバーができるんだね。ポッドが右下に動くからバーの長さが変わるんだ

音の玉を並べて演奏がうまくいったら、全部？に変えよう

それでは、やってみよう！

117

レッスン **35** 作曲マシンのステージと部品を用意しよう

やった日　月　日

① ステージの設定をしよう

背景の色は最初のクリーム色のままがおすすめだよ

① 画面の左右と上下はつながらないようにする

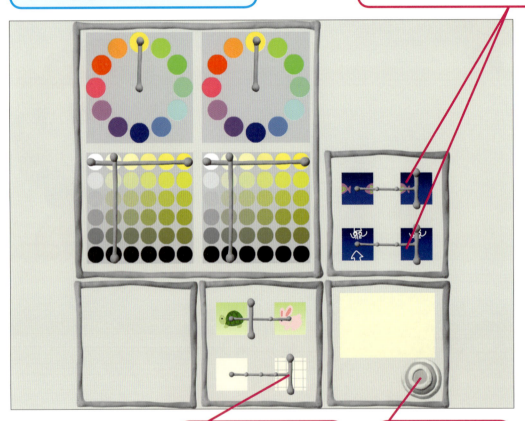

② 方眼紙設定をいちばん大きくする

③ まるボタンをおす

② 部品を描こう

◆ 生成器　　　◆ ポッド　　　◆ バー

  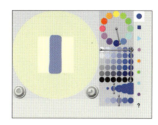

◆ 音の玉

　　　　　　　　　　　　　　◆ ？

 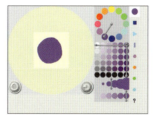 

ヒント！
ポッドが重なったら右下に動くようにするから、重なったことが分かるようにポッドの色をうすくしておこう。

③ ステージに並べよう

生成器だけ画面の左上に置こう

レッスン 36 生成器からポッドを出そう

やった日　月　日

生成器からポッドが次々と出る動きを作るよ。ポッドは重なったら右下に動くよ。

① 生成器からポッドが出る動きを作ろう

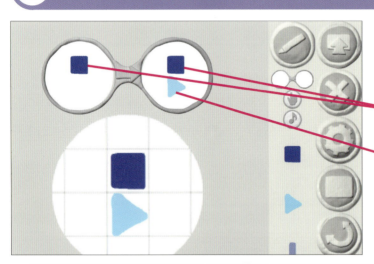

1 メガネをメガネ置き場に出す
2 両方に生成器を入れる
3 右がわの生成器の下にポッドを入れる

② ポッドを重ねよう

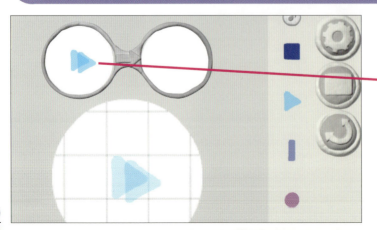

1 新しいメガネを出す
2 左がわにポッドを2つ重ねて入れる

③ ポッドをななめ下に入れよう

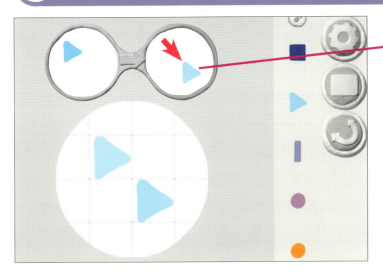

右がわにポッドを1つだけ入れて、右下にずらす

動きをチェックしよう
ポッドが重なると右下にずれて、階段のようにつながっていくよ！

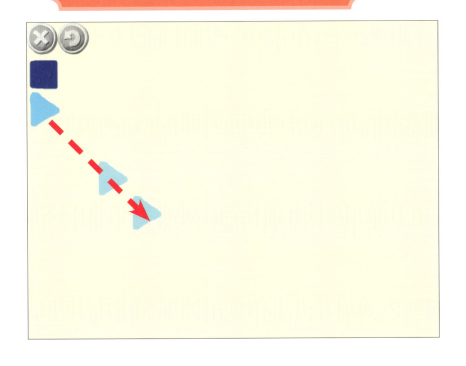

できるかな その３ 作曲マシンを作ろう

レッスン 37 バーの動きを作ろう

やった日　月　日

音の玉を鳴らすバーを作るよ。部品を置く場所をまちがえないように気を付けよう！

① ポッドからバーが出る動きを作ろう

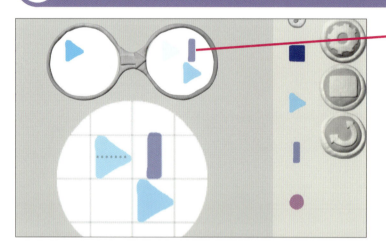

さっきの右がわのメガネのポッドの上にバーを入れる

② バーが動くようにしよう

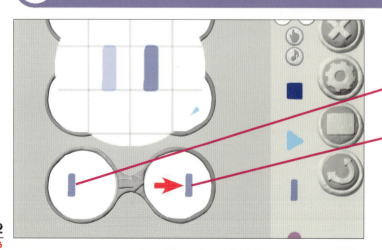

① 新しいメガネを出す

② 左がわにバーを入れる

③ 右がわにもバーを入れて、1マス分右にずらす

👆 **動きをチェックしよう**

バーがどんどんできて、画面の上を動いていくよ。1本だけのバーと、つながって長くなるバーがくり返しできるよ。

ずーっと見ていてもあきないなー

ポッドが画面の一番下までいくとバーも長くなるね

その3 作曲マシンを作ろう

レッスン 38 音の玉を作ろう

やった日　月　日

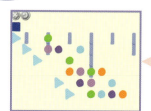

5色の音の玉を使って、自動演奏ができるようにするよ。メガネの中に部品をたくさん入れるから、まちがえないようにしよう。

わからないときは ➡ レッスン21

① 音の玉にバーが当たった時の動きを作ろう

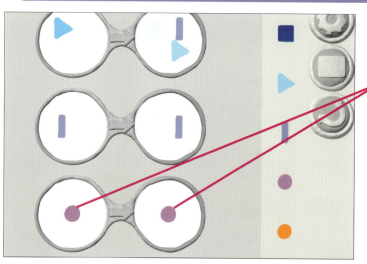

1. 新しいメガネを出す
2. 両方に同じ色の玉を入れる

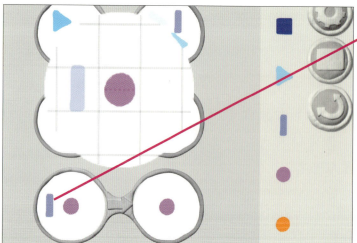

3. 左がわの音の玉の1マス左にバーを入れる

② バーが当たった時の音を決めよう

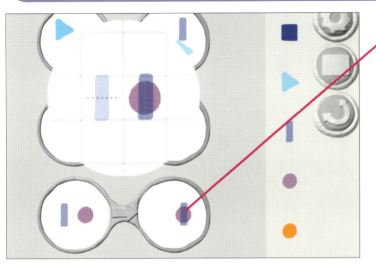

① 右がわの音の玉にバーを重ねる

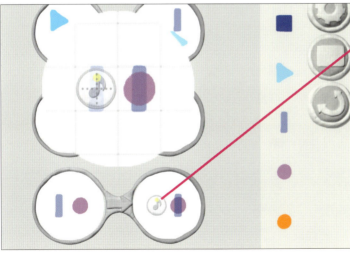

② 左に音符マークを入れる

どの音でもいいよ

ヒント！
部品の場所をまちがえると、音が鳴らなかったり音の玉が動いちゃったりするよ。メガネの中をよく見て、次に進もう。

3 他の音の玉の動きも作ろう

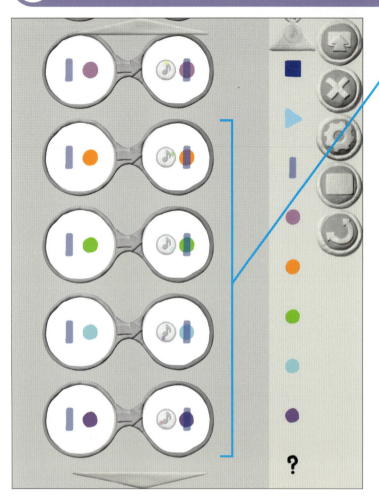

前のページを見ながら、他の4つの音の玉も同じように動きを作るよ。音は全部別のものにしよう

ヒント！

音符マークの音を変えたい時は、回転ボタンを使うんだったね。音符マークをメガネ置き場に置いてから音を変えるとやりやすいよ。

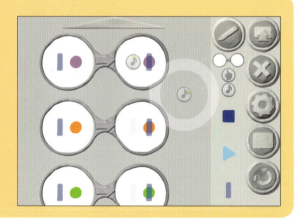

④ 音の玉をステージに並べよう

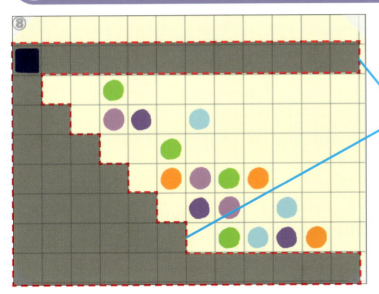

音の玉を自由にステージに並べる

ここはバーが通らないから、音の玉を置かないようにしよう

ヒント！
上の方から少しずつ玉を入れて、音楽を聞きながら玉を増やしていこう。

動きをチェックしよう
バーが自動で動いて、音楽が流れてくるよ。
バーの長さが変わると鳴る音も変わるね。

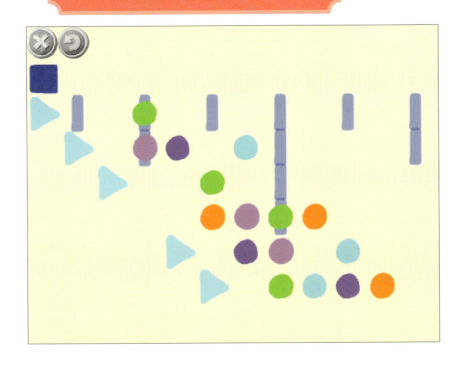

できるかな その3 作曲マシンを作ろう

レッスン 39 音の玉が自動で変わるようにしよう

やった日　月　日

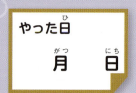

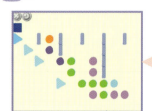

音の玉が自動で変わるようにして、自由に作曲できるようにするよ。動かすたびにちがう曲になるよ。

① ？をステージに並べよう

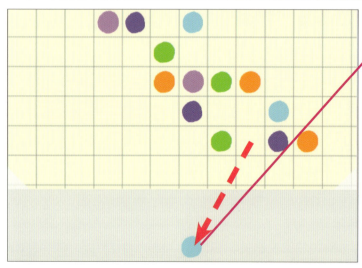

1. ステージの音の玉を全部どける

ステージの下の灰色の部分に重ねると消えるよ

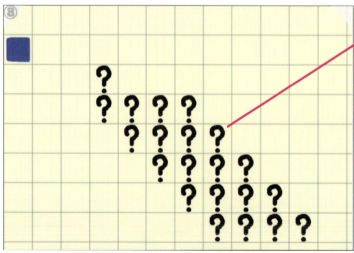

2. バーが通る所に？を置く

128

② ？を音の玉に変える動きを作ろう

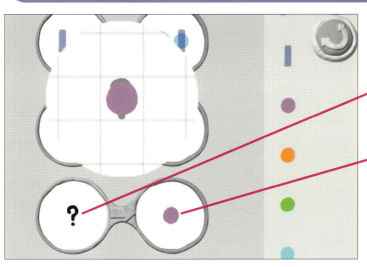

1. 新しいメガネを出す
2. 左がわに？マークを入れる
3. 右がわに音の玉を入れる

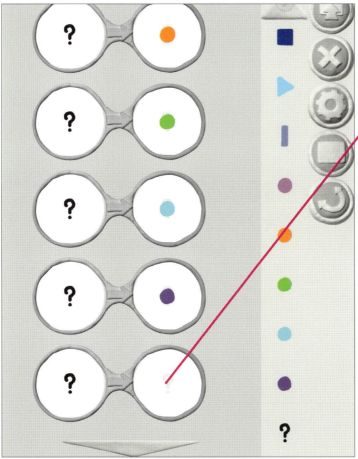

同じ手順で音の玉ごとにメガネを作ろう

4. 音の玉が出ないものも作る

音が出ない所もあるとおもしろいリズムになるよ

動きをチェックしよう
動かすたびに音の玉の組み合わせが変わるよ。これで完成だね！

できるかな その3 作曲マシンを作ろう

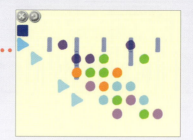

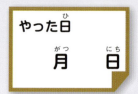

あそぶ画面でステージの上をおすと音の玉ができるようにしよう。

答え

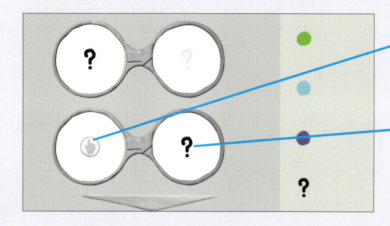

新しいメガネを出して、左がわに指マークを入れよう

右がわに？を入れよう

演奏しながら新しい音の玉を足せるよ。
どんどん足してちがう曲にしてみよう！

できるかな その4

迷路ゲームを作ろう

モンスターをよけながらゴールを目指す迷路ゲームを作るよ。
迷路の形は後で自由に変えられるよ！

レッスン		
	どうやって作るか考えよう	132
㊵	迷路ゲームのステージと部品を用意しよう	134
㊶	探検くんを左に動かそう	136
㊷	探検くんを他の方向に動かそう	138
㊸	モンスターの動きを作ろう	140
㊹	ゲームオーバーの動きを作ろう	142
㊺	探検くんにカギを取らせよう	144
㊻	ゴールを作ろう	146

どうやって作るか考えよう

▶ ゲームの動き

画面をおすと、探検くんが迷路の中を動くよ

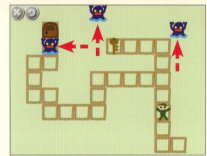
迷路の外からモンスターが来るよ。つかまらないように気を付けて！

探検くんがカギを取るとモンスターにつかまらなくなるよ

カギで扉を開けるとゴールだよ

▶ プログラミングの部品はこれだよ！

◆ 通路	◆ カギ	◆ 扉	◆ 探検くん	◆ モンスター

◆ カギを取った探検くん	◆ ゴール	◆ エンド	◆ 光

どうやって作ればいいかな？

探検くんは、四角の通路をつなげた迷路の中だけ進めるよ

モンスターは通路に関係なく動くんだ。探検くんにぶつかった時の動きも作ろう

カギを取ったら探検くんの絵が変わるんだね。カギを取った探検くんを動かすメガネがいるね

それでは、やってみよう！

レッスン 40 迷路ゲームのステージと部品を用意しよう

やった日　月　日

画面をおして動かすから方眼紙設定を使うよ。画面の左右と上下はつながったままにしよう。

① ステージの設定をしよう

1 背景の色をうすい緑色にする

2 画面の左右と上下はつながったままにする

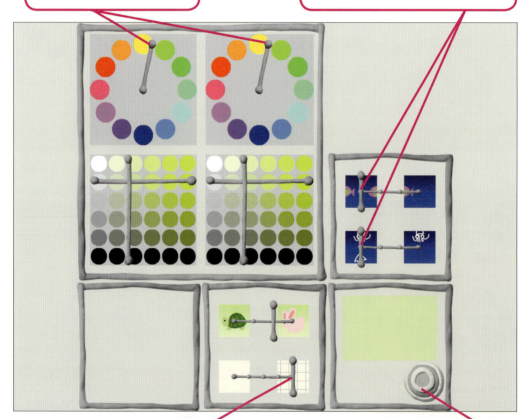

3 方眼紙設定を一番大きくする

4 まるボタンをおす

② 部品を描こう

◆ 通路

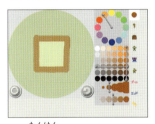

◆ カギ

◆ 扉

> 通路は重なったら分かるようにうすい色で描くよ

◆ 探検くん

◆ モンスター

◆ カギを取った探検くん

◆ ゴール

◆ エンド

◆ 光

③ ステージに並べよう

> 探検くん、カギ、扉は必ず通路の上に置こう。モンスターは探検くんにあまり近付けないように置いてね

できるかな その4 迷路ゲームを作ろう

レッスン 41 探検くんを左に動かそう

やった日　月　日

探検くんが通路の中を動けるようにするよ。
まずは左に動けるようにしよう。

わからないときは ➡ レッスン 22

① メガネに通路を入れよう

1 メガネをメガネ置き場に置く
2 両方に通路を2つずつ入れる

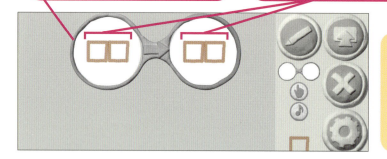

ヒント！
通路は探検くんがいる場所と、動く場所の2つを1組で使うよ。部品が重ならないように気を付けて！

② メガネの左がわを作ろう

1 メガネの左がわに探検くんを入れる
2 探検くんの1マス左に指マークを入れる

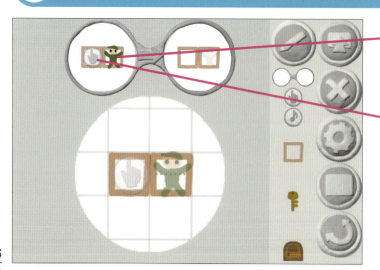

③ 探検くんが左に進むようにしよう

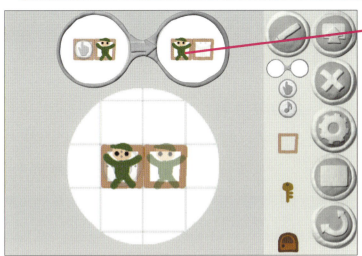

メガネの右がわに探検くんを入れる

これでタッチすると探検くんが進めるね！

👆 動きをチェックしよう

あそぶ画面にして左に1マス動かしてみよう。
動かなかったり、通路が消えちゃったりするときはメガネの中身を出して作り直そう。

できるかな その4 迷路ゲームを作ろう

レッスン **42** 探検くんを他の方向に動かそう

やった日　月　日

探検くんが上下左右に動けるようにするよ。
作り方はレッスン41と同じだよ。

わからないときは ➡ レッスン41

① ほかの方向への動きを作ろう

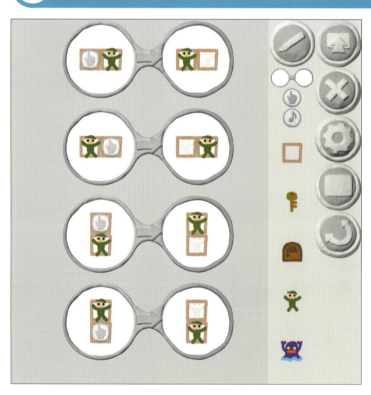

新しいメガネを3つ出す

前のページを見ながら、右がわ、上、下にも探検くんが進めるように動きを作ろう

通路を先に入れておくと作りやすいよ

ヒント！
メガネの左がわの通路に入れた指マークとメガネの右がわの通路に入れる探検くんが同じ場所になるよ。

👆 動きをチェックしよう

あそぶ画面にして迷路の中を進んでいこう。カギや扉がある所にも行けるけど、何も起こらないね。

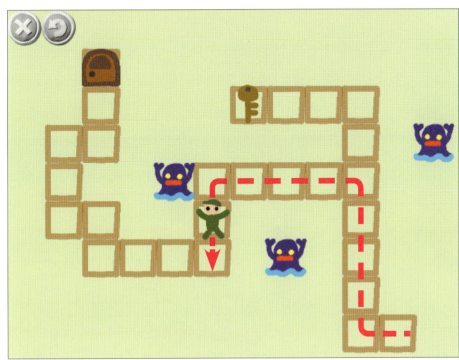

うまく動かない時はメガネの中をチェックしよう！

次はモンスターの動きを作っちゃうよ〜

できるかな その4 迷路ゲームを作ろう

レッスン 43 モンスターの動きを作ろう

やった日　月　日

モンスターは通路に関係なく、画面をつきぬけて動くよ。左と上にだけ動くようにしよう。

わからないときは ➡ レッスン9

① モンスターが左に動くようにしよう

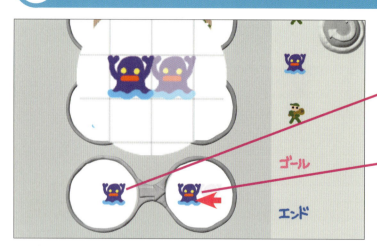

1. 新しいメガネを出す
2. 左がわにモンスターを入れる
3. 右がわにモンスターを入れて1マス分左にずらす

② モンスターが上に動くようにしよう

1. 新しいメガネを出す
2. 左がわにモンスターを入れる
3. 右がわにモンスターを入れて1マス分上にずらす

動きをチェックしよう

あそぶ画面にしてモンスターの動きをチェックしよう。
左上に動いて行って、また右下から出てくるね。

チャレンジ！

モンスターの動きを増やそう

メガネをもう2つ使って、モンスターが右や下にも動くようにしてみよう。
探検くんはよけきれるかな？

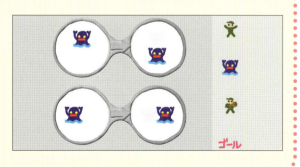

できるかな その4 迷路ゲームを作ろう

レッスン 44 ゲームオーバーの動きを作ろう

やった日　月　日

探検くんがモンスターにつかまったら、ゲームオーバーになる動きを作ろう。エンドの部品を使うよ。

わからないときは ➡ レッスン16

① 探検くんがつかまった時の動きを作ろう

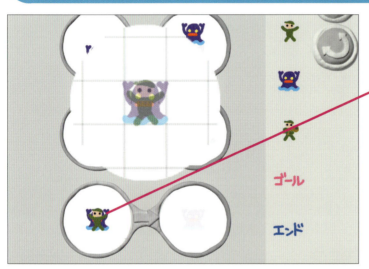

1 新しいメガネを出す

2 左がわにモンスターと探検くんを入れる

3 右がわにモンスターだけ入れる

ヒント！
すべてメガネの真ん中にぴったりと重なるように入れよう。

② エンドを出そう

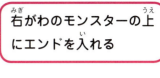
右がわのモンスターの上にエンドを入れる

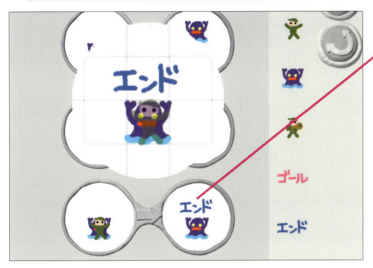

動きをチェックしよう
あそぶ画面を出して、モンスターと探検くんを重ねよう。エンドの文字が出てくるかな？

できるかな その4 迷路ゲームを作ろう

探検くんにカギを取らせよう

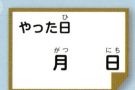

やった日　月　日

探検くんがカギを取る動きを作ろう。
カギを取った後動くようにするにはどうすればいいかな？

わからないときは ➡ レッスン 16、41

① 探検くんがカギを取る動きを作ろう

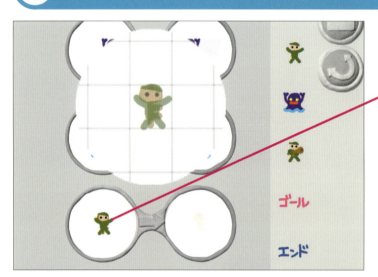

1 新しいメガネを出す

2 左がわにカギと探検くんを入れる

3 右がわにカギを取った探検くんを入れる

144

② カギを取った探検くんが動けるようにしよう

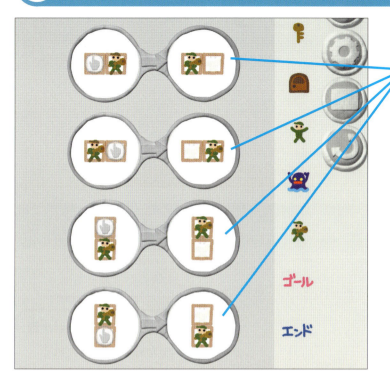

レッスン41、レッスン42と同じように、新しいメガネを4つ出してカギを取った探検くんが動けるようにしよう

👆 動きをチェックしよう

あそぶ画面にして探検くんでカギを取ろう。うまく試せない時は、制作画面にもどってカギを探検くんのすぐそばに置こう。

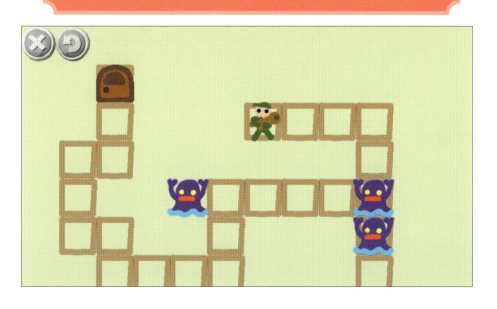

レッスン 46 ゴールを作ろう

やった日　月　日

カギを取った探検くんが扉を開けられるようしよう。ゴールしたら光が出るようにするよ。

わからないときは ➡ レッスン 14、16

① カギを取った探検くんをゴールさせよう

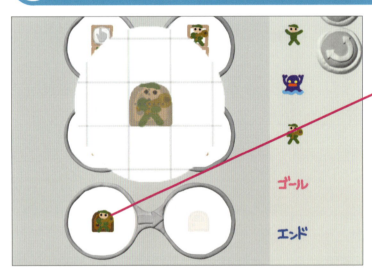

1 新しいメガネを出す

2 左がわに扉とカギを取った探検くんを入れる

3 右がわにゴールと光を入れる

146

② 光が広がる動きを作ろう

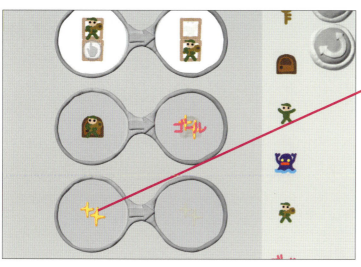

1. 新しいメガネを出す
2. 左がわに光を1つ入れる

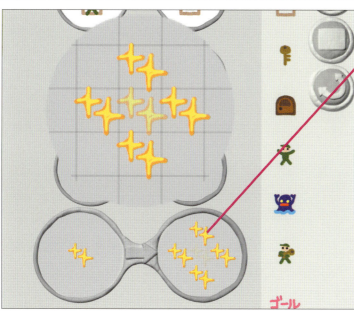

3. 右がわに光を4つ入れる

どんな動きになるのかなー？

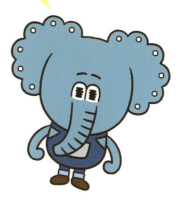

ヒント！
右がわの光は、左がわの光の上下左右に1マスずつずらして入れるよ。真ん中を空けておくとキレイに見えるよ！

できるかな その4 迷路ゲームを作ろう

次のページに続く

3 光が閉じる動きを作ろう

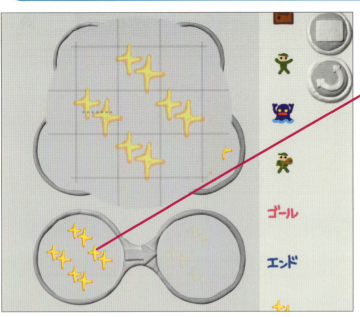

1 新しいメガネを出す

2 左がわに光を4つ入れる

ヒント！
前のページを見ながら、真ん中を1マス空けて上下左右に並べよう。

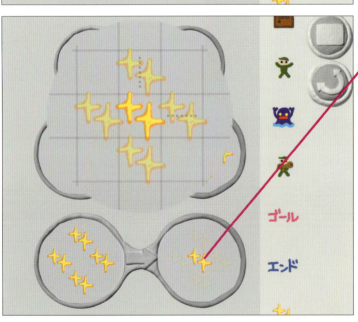

3 右がわに光を1つ入れる

ヒント！
光は1つから4つになって、また1つになるよ。この動きをくり返すから、キラキラして見えるよ！

動きをチェックしよう

カギを取った探検くんが扉を開けると、ゴールが出て光がキラキラするよ。
ゴールできたら、通路を並べ替えて新しい迷路を作ってみよう！

ゲームが完成したよー！
大人の人や友だちに見せてあげよう

できるかな その4 迷路ゲームを作ろう

問題 1

カギを取った探検くんがモンスターに勝てるようにしよう。

やった日
月　日

答え

新しいメガネを出して左がわにモンスターとカギを取った探検くんを入れよう

右がわをカギを取った探検くんだけにしよう

問題 2

カギを取った探検くんだけが通れるドアを作ろう。ドアの後ろには通路を置かずに、カギを取った探検くんが近付くと通路に変わるようにするよ。

答え

お絵かき画面でドアを描いて、ステージに置こう

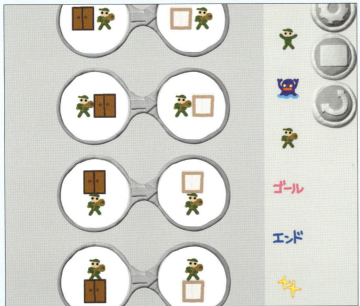

新しいメガネを4つ出して、カギを取った探検くんがドアを通路に変える動きを作ろう

ヒント！
ゴールの扉を使うと、そこでゲームが終わっちゃうよ。新しいドアを描いて通路に置こう。

問題 3

探検くんと通路を増やして友だちと競争できるようにしよう。

やった日

月　日

答え

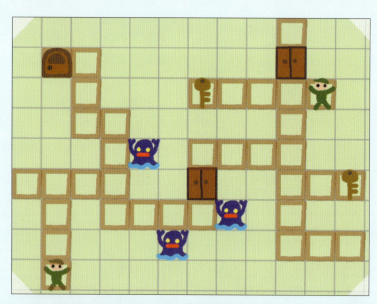

ステージに通路を置こう

カギと探検くんを増やそう

ヒント！

上下左右の画面のはしに通路を置くと迷路がつながるよ！　画面のはしまで来たら、反対がわの通路をおしてみよう。

できるかな その5

くり返し模様を作ろう

画面いっぱいに広がる模様を作ろう。
ゆらゆら動く波もん模様と、絵がらを逆様にした模様を作るよ。

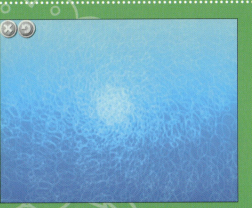

レッスン		
	どうやって作るか考えよう	154
47	波もん模様のステージと部品を用意しよう	156
48	生成器から波もんを出そう	158
49	波もんの数を増やそう	160
50	生成器をステージに加えよう	162
51	生成器と波もんを描き直そう	164
	どうやって作るか考えよう	166
52	鳥の模様のステージと部品を用意しよう	168
53	青い生成器の動きを作ろう	170
54	鳥の絵を並べよう	172

どうやって作るか考えよう

▶ ゲームの動き

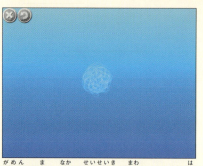
画面の真ん中で生成器が回りながら波もんを作るよ

波もんは画面の外側に広がっていくよ

波もんが画面全体に広がるよ

動画でチェック！

▶ プログラミングの部品はこれだよ！

◆ 生成器

◆ 波もん

2つだけでできるんだね。すごい！

▶ どうやって作ればいいかな？

波もんをよく見るとゆらゆら動いているね。これは簡単に作れそう

生成器はぐるぐる回っているよ。場所は画面の真ん中から変わらないみたい

波もんは一度にたくさんできるね。生成器からたくさん出るようにしよう

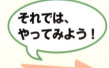

それでは、やってみよう！

レッスン 47 波もん模様のステージと部品を用意しよう

やった日　月　日

生成器と波もんはこい色で描いておくよ。全部完成した後に、一番うすい色に変えるよ。

① ステージの設定をしよう

1 背景の上がわは明るい青にする
2 右上にずらして明るくする
3 背景の下側は暗い青にする
4 少し下にずらして暗くする

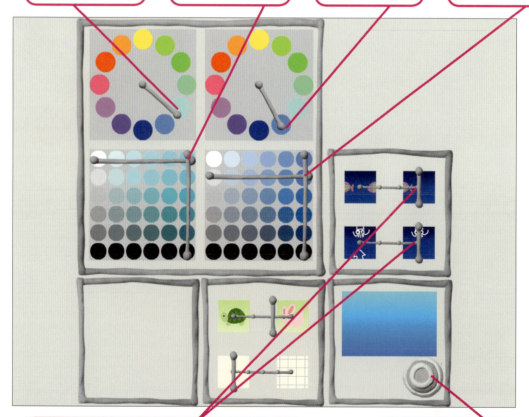

5 画面の上下左右がつながらないようにする
6 まるボタンをおす

② 部品を描こう

◆ 生成器

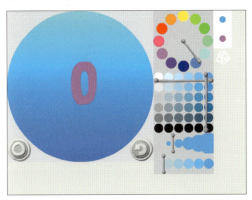

◆ 波もん

波もんはくるくるした模様にするときれいに作れるよ！

③ ステージに並べよう

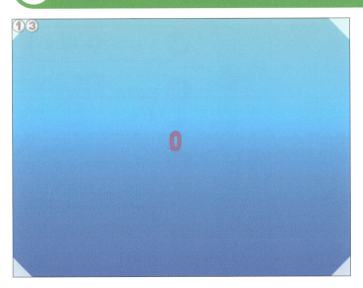

生成器を画面の真ん中に置こう。動きを見ながら置く数を増やしていくよ

できるかな その5 くり返し模様を作ろう

レッスン 48 生成器から波もんを出そう

やった日　月　日

生成器から波もんが出る動きを作るよ。
波もんの動かし方がポイントだよ

わからないときは ➡ レッスン 9、11、14

① 波もんをゆらゆら動かそう

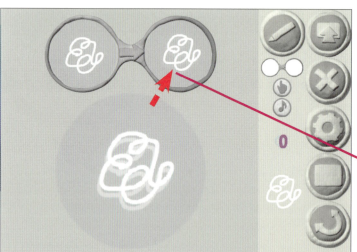

1. メガネをメガネ置き場に置く
2. 左がわに波もんを入れる
3. 右がわに波もんを入れて右上に少しずらす
4. 新しいメガネを出す
5. 左がわに波もんを入れる
6. 右がわに波もんを入れて左上に少しずらす

② 生成器をぐるぐる回そう

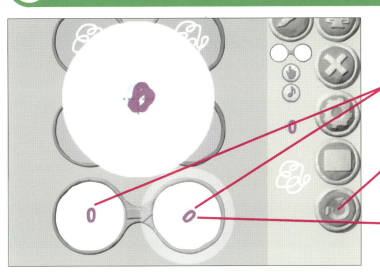

1. 新しいメガネを出す
2. 生成器を両方に入れる
3. 回転ボタンをおす
4. 右がわの生成器を右に少し回す

③ 波もんを出す動きを作ろう

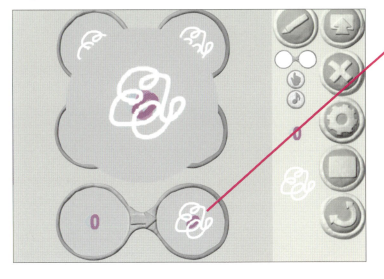

右がわに波もんを入れる

動きをチェックしよう
波もんが出るけどスカスカしてるね。たくさん出すにはどうすればいいかな？

できるかな その5 くり返し模様を作ろう

レッスン49 波もんの数を増やそう

やった日　月　日

生成器から次々と波もんが出るようにするよ。3つの波もんの角度を変えるのがコツだよ。

わからないときは ➡ レッスン11、14

① 波もんを回転させよう

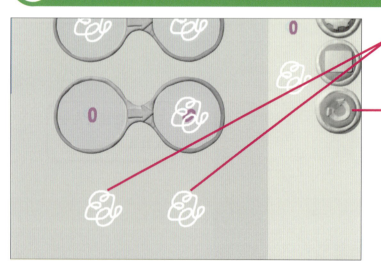

1 メガネ置き場に波もんを2つ置く

2 回転ボタンをおす

3 波もんを1つずつ回転させる

回転させたら回転ボタンをおして元にもどそう

ヒント！
波もんはそれぞれ逆の方向に少しずつ回転させよう。

② 波もんをメガネに入れよう

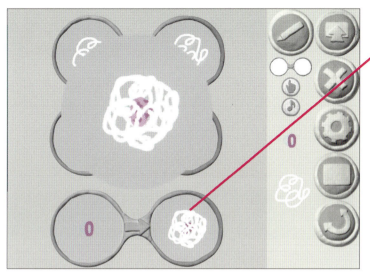

メガネに波もんを入れる

ヒント！
回転させた２つの波もんをメガネ右上に動かそう。２つの波もんが生成器の上に重なるようにしよう。

動きをチェックしよう
波もんがどんどん出てくるようになったね。次はいっぺんに広がるようにするよ。

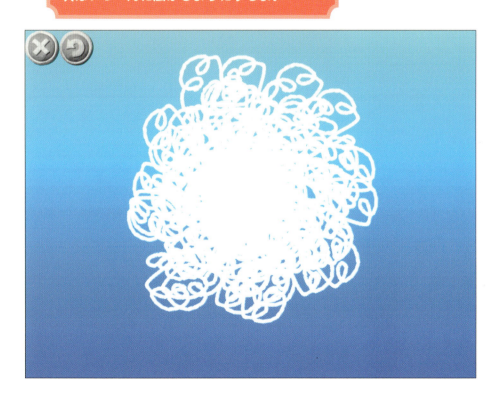

できるかな その５ くり返し模様を作ろう

レッスン 50 生成器をステージに加えよう

やった日　月　日

ステージにもう2つ生成器を加えるよ。
波もんと同じように角度を変えよう。

わからないときは　➡レッスン 11

① 生成器を回転させよう

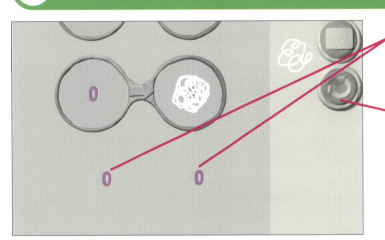

1　メガネ置き場に波もんを2つ置く

2　回転ボタンをおす

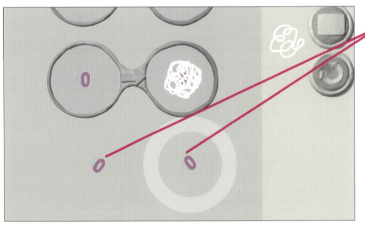

3　生成器を1つずつ回転させる

回転させたら回転ボタンをおして元にもどそう

ヒント！
レッスン49の波もんと同じように、生成器もそれぞれ逆の方向に少しずつ回転させよう。

② 生成器をステージに置こう

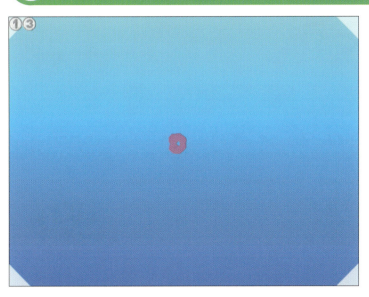

最初に置いた生成器の上に重ねる

👆 動きをチェックしよう
波もんがいっぺんに広がるようになったね。スカスカした感じがする時は、レッスン48で作ったゆらゆらする動きを小さくしてみよう。

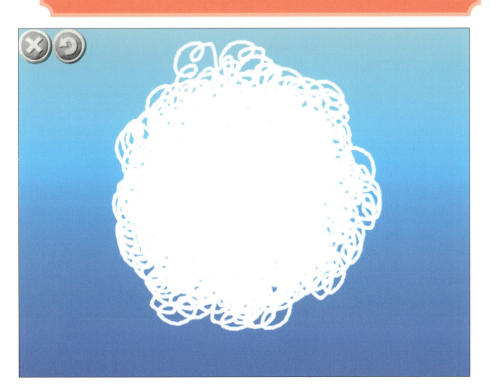

できるかな その5 くり返し模様を作ろう

レッスン 51 生成器と波もんを描き直そう

やった日　月　日

生成器と波もんを一番うすい色で描き直すよ。一度全部消してから、元の絵をなぞって描こう。

わからないときは ➡ レッスン7

❶ 生成器を描き直そう

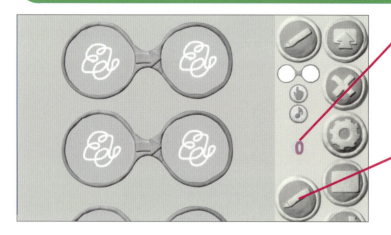

1 部品置き場の生成器をおし続ける

えんぴつボタンが出るよ

2 えんぴつボタンをおす

お絵かき画面が表示されるよ

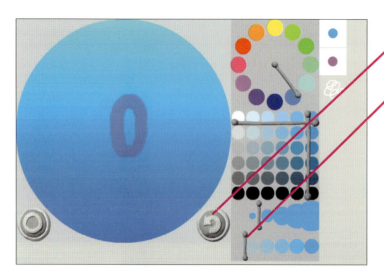

3 ここをおして絵を消す

4 いちばんうすい色にする

元の絵をなぞって生成器を描こう

5 まるボタンをおす

② 波もんを描き直そう

前のページと同じやり方で波もんをおし続けて、お絵かき画面を出す

① ここをおして絵を消す

② いちばんうすい色にして波もんを描き直す

③ まるボタンをおす

👆 動きをチェックしよう
波もんが外がわに広がっていくようになったかな。波もんの部品を描き直すと、ちがう模様が楽しめるよ。

次のページからはくり返し模様を作るよ！

できるかな その5　くり返し模様を作ろう

165

どうやって作るか考えよう

▶ ゲームの動き

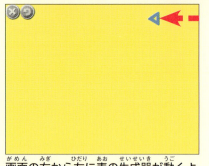
画面の右から左に青の生成器が動くよ

画面の上から下に赤の生成器が動くよ

赤の生成器が動くと絵がらが出るよ

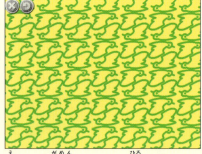
絵がらが画面いっぱいに広がるよ

▶ プログラミングの部品はこれだよ！

◆ 青い生成器

◆ 赤い生成器

◆ 鳥

鳥の部品は1個だけだね。どうやって使うのかな？

どうやって作ればいいかな？

生成器が右から左に動くんだね。作曲マシンを作ったときと逆だね

鳥の部品はぐるっと回して組み合わせると1つの絵がらになるよ

画面の上下左右はつなげないようにしよう

それでは、やってみよう！

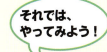

レッスン 52 鳥の模様のステージと部品を用意しよう

やった日　月　日

絵がらが目立つように黄色い背景にするよ。
画面の上下左右はつながらないようにしよう。

① ステージの設定をしよう

1 背景の色を黄色にする
2 左に少しずらして明るくする

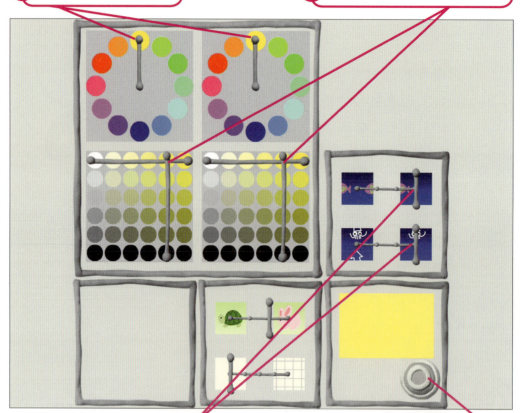

3 画面の上下左右がつながらないようにする
4 まるボタンをおす

② 部品を描こう

◆ 青い生成器

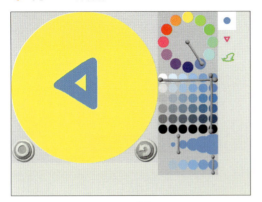

◆ 赤い生成器

◆ 鳥

③ ステージに並べよう

青い生成器だけ、画面の右上に置くよ

できるかな その5 くり返し模様を作ろう

169

レッスン 53 青い生成器の動きを作ろう

やった日　月　日

青い生成器が動いて、赤い生成器を作るようにするよ。青い生成器が動く長さがポイントだよ。

わからないときは ➡ レッスン 14

① メガネに青い生成器を入れよう

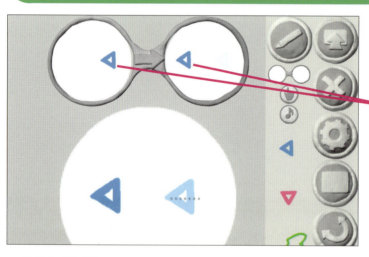

1. メガネをメガネ置き場に置く
2. 両方に青い生成器を入れる
3. 右がわの青い生成器を左にずらす

ヒント！
青い生成器の高さが変わらないように、……を見ながらずらそう。部品2つ分ぐらい左にずらすのがコツだよ。

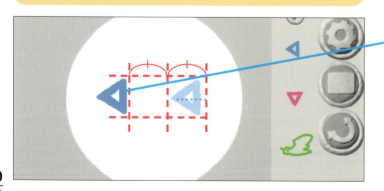

……を出したまま2つ左にずらそう

② メガネに赤い生成器を入れよう

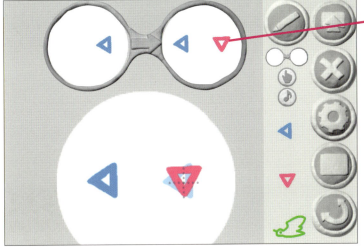

右がわに赤い生成器を入れる

ヒント！
青い生成器があった所にぴったり重ねよう。

動きをチェックしよう
画面の一番上に赤い生成器が並ぶね。まっすぐ並んでいるかチェックしよう。

できるかな その5 くり返し模様を作ろう

レッスン 54 鳥の絵を並べよう

やった日　月　日

鳥の絵が画面いっぱいに並ぶようにしよう。1枚の絵を回転させて使うよ。

わからないときは ➡ レッスン 11、14

① 赤い生成器の動きを作ろう

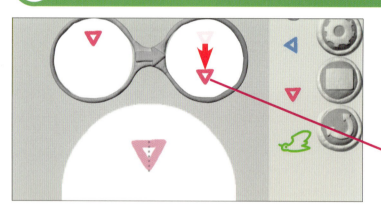

1. 新しいメガネを出す
2. 両方に赤い生成器を入れる
3. 右がわの生成器を下にずらす

ヒント！
赤い生成器も左右にずれないように、 を見ながらずらそう。2つ分ぐらい下にずらすよ。

② 鳥の絵がらを入れよう

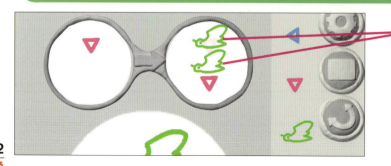

右がわに鳥を2つ入れる

③ 鳥の絵がらを逆様にしよう

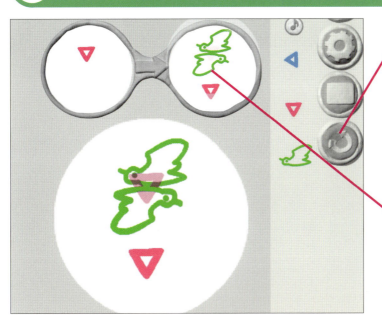

1. 回転ボタンをおす
2. 下の鳥をおす
3. 絵がらを逆様にして場所を合わせる

👆 動きをチェックしよう
絵がらが重ならずに並ぶかチェックしよう。重なっている時は青い生成器と赤い生成器をはなすか、赤い生成器と鳥の絵をはなしてみよう。

できるかな その5　くり返し模様を作ろう

波もんのプログラムを作り直して、花火みたいな模様が広がるようにしてみよう。

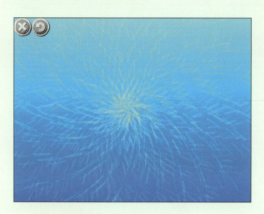

答え

部品置き場にある波もんの部品をおして、えんぴつボタンを出そう

波もんの絵を消して、好きな色で線を描こう

できるかな その6

ブロックくずしを作ろう

パドルを動かしてブロックをくずす、本格的なゲームを作るよ。
メガネの数が多くなるけど、がんばってみよう！

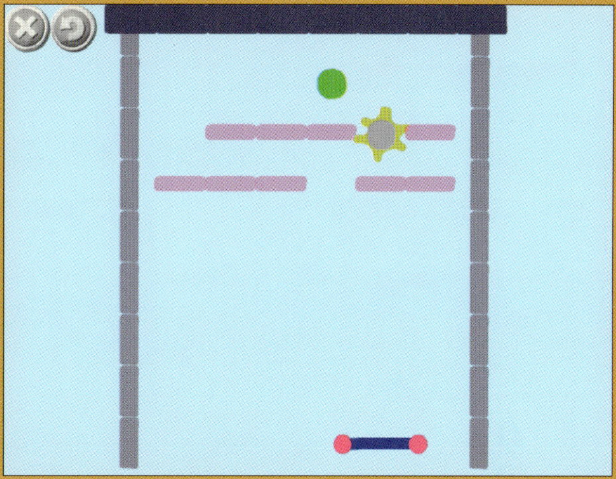

レッスン

どうやって作るか考えよう……176
(55) ブロックくずしのステージと部品を用意しよう……178
(56) パドルが左右に動くようにしよう……180
(57) ボールの動きを作ろう……182
(58) かべに当たる時の動きを作ろう……186
(59) 天じょうに当たる時の動きを作ろう……190
(60) 天じょうのすみに当たる時の動きを作ろう……192
(61) パドルでボールをはね返す動きを作ろう……194
(62) パドルがたくさん動くようにしよう……198
(63) ブロックがくずれる動きを作ろう……202
(64) パドルのはじでボールをはね返す動きを作ろう……208
(65) 音が出るようにしよう……210

どうやって作るか考えよう

▶ ゲームの動き

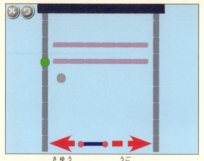

パドルの左右をおして動かして、ボールをはね返すよ

ブロックにボールが当たるとばくはつしてはね返るよ

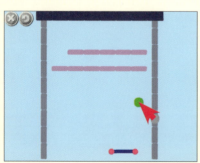

かべや天じょうにボールが当たるとはね返るよ

ボールを下に落とさずにブロックを全部くずそう

▶ プログラミングの部品はこれだよ！

◆ パドル　　◆ ボール　　◆ ボールのかげ　　◆ かべ

◆ ばくはつ　　◆ 天じょう　　◆ ブロック

どうやって作ればいいかな？

パドルの左右をおすと、おした方に動くんだね

ボールがずっと動くようにするには、ボールのかげを使うよ

ボールが何かに当たった時に、いつもボールのかげがいっしょにはね返るようにするよ

それでは、やってみよう！

レッスン 55 ブロックくずしのステージと部品を用意しよう

やった日　月　日

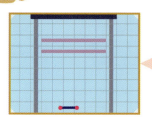

部品の数が多くなるから、背景の色をうすい水色にするよ。方眼紙設定は一番大きくしよう。画面の上下左右はつながらないようにしよう。

① ステージの設定をしよう

1 背景の色はうすい青色にする

2 ここを左にずらして明るくする

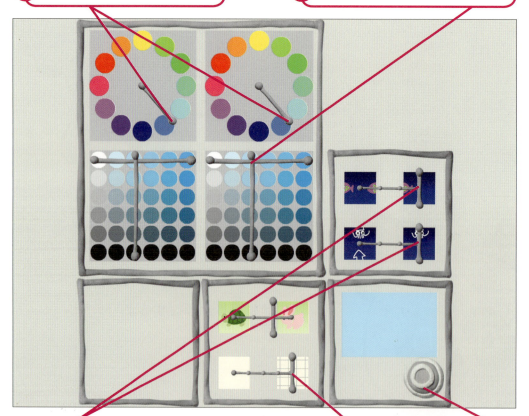

3 画面の上下左右はつながらないようにする

4 方眼紙設定は一番大きくする

5 まるボタンをおす

② 部品を描こう

◆ パドル

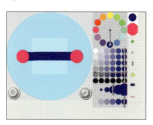

◆ ボール

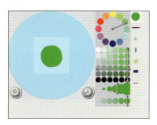

◆ ボールのかげ

◆ かべ

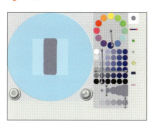

◆ ばくはつ

◆ 天じょう

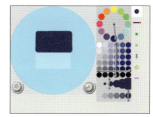

◆ ブロック

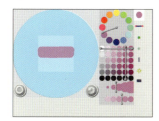

パドルの両はしはマス目からはみ出るようにしてね！

③ ステージに並べよう

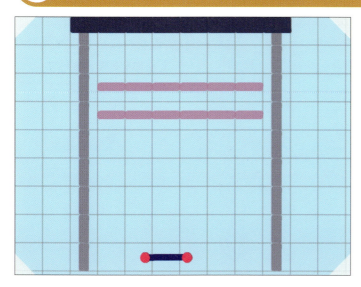

マス目を使ってぴったりと並べよう。ボールとボールのかげはメガネを作ってから並べるよ

かべを並べてから天じょうを並べるようにしよう

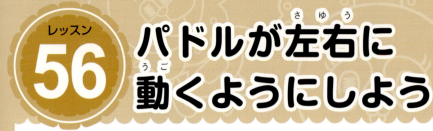

レッスン 56 パドルが左右に動くようにしよう

やった日　月　日

指でおした方にパドルが1マスずつ動くようにするよ。指マークを使って動きを作ろう。

わからないときは ➡ レッスン 22

① パドルが左に動くようにしよう

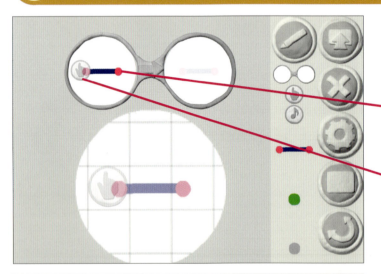

1. メガネをメガネ置き場に置く
2. 左がわにパドルを入れる
3. パドルの左に指マークを入れる

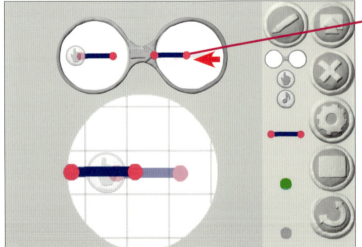

4. 右がわにパドルを入れて左に1マス分ずらす

180

② パドルが右に動くようにしよう

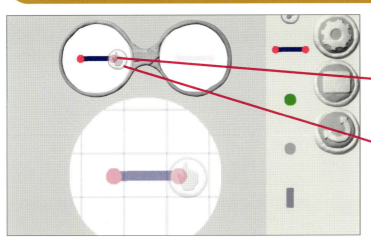

1. 新しいメガネを出す
2. 左がわにパドルを入れる
3. パドルの右に指マークを入れる

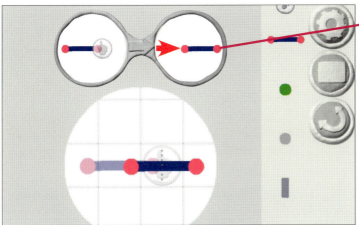

4. 右がわにパドルを入れて右に1マス分ずらす

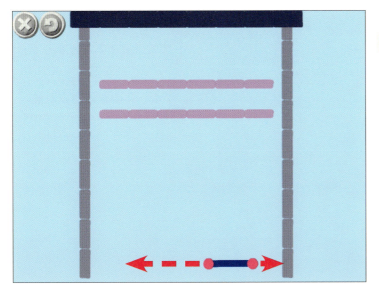

👆 動きをチェックしよう
あそぶ画面にしてパドルの左右をおしてみよう。左右にきちんと動くかな？

レッスン57 ボールの動きを作ろう

やった日　月　日

ボールとボールのかげを使うと、ボールが進む方向を決められるよ。はね返りやすくするには、どうすればいいかな？

① ボールが左上に動くようにしよう

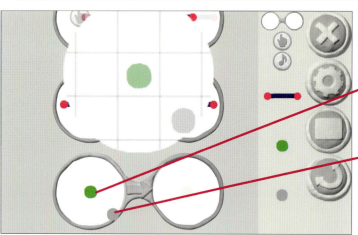

1. 新しいメガネを出す
2. 左がわにボールを入れる
3. ボールのかげをボールの右下に入れる
4. 右がわにボールを入れて左上に1マス分ずらす
5. ボールのかげを入れる

182

② ボールが右上に動くようにしよう

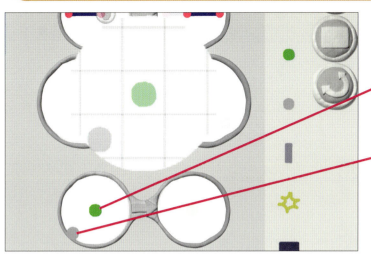

1 新しいメガネを出す
2 左がわにボールを入れる
3 ボールのかげをボールの左下に入れる

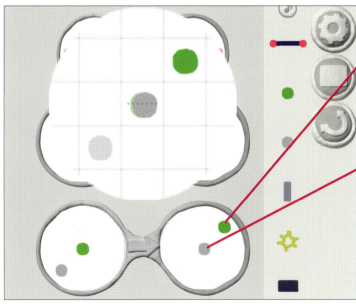

4 右がわにボールを入れて右上に1マス分ずらす
5 ボールのかげを入れる

ヒント！

ボールがかべやパドルに当たった時、真っすぐだと同じ方向にしか進まないね。ななめに動かして、いろいろな方向にはね返るようにするよ。

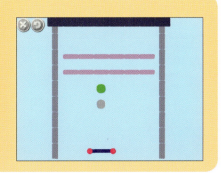

できるかな その6 ブロックくずしを作ろう

次のページに続く

183

③ ボールが左下に動くようにしよう

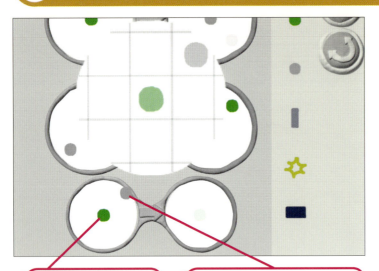

1. 新しいメガネを出す
2. 左がわにボールを入れる
3. ボールのかげをボールの右上に入れる

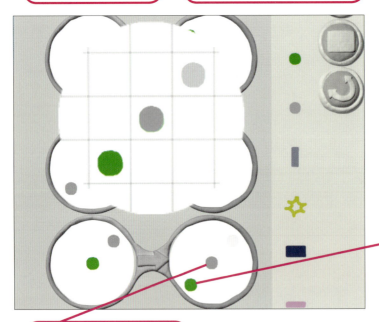

4. 右がわにボールを入れて左下に1マス分ずらす
5. ボールのかげを入れる

④ ボールが右下に動くようにしよう

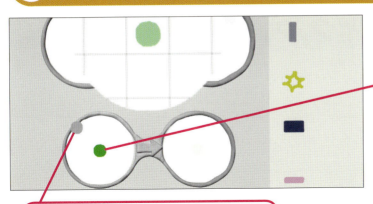

1 新しいメガネを出す

2 左がわにボールを入れる

3 ボールのかげをボールの左上に入れる

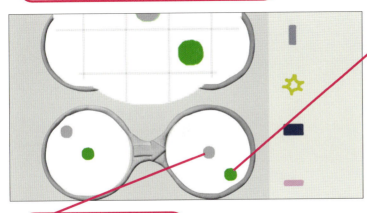

4 右がわにボールを入れて右下に1マス分ずらす

5 ボールのかげを入れる

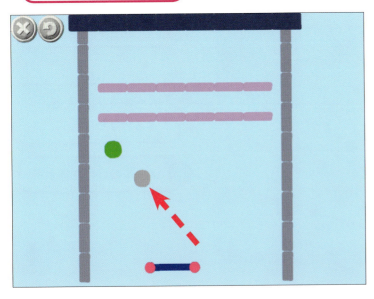

👆 動きをチェックしよう

ボールとボールのかげをステージに置いて、ななめに動くかチェックしよう。ボールの1マス分右上や1マス分左下にボールのかげを置いてみよう。

その6 ブロックくずしを作ろう

レッスン 58 かべに当たる時の動きを作ろう

やった日　月　日

ボールが壁に当たってはね返る時の動きを作るよ。メガネをたくさん使うから、1つずつチェックしながら作ろう。

① ボールが右下から当たった時の動きを作ろう

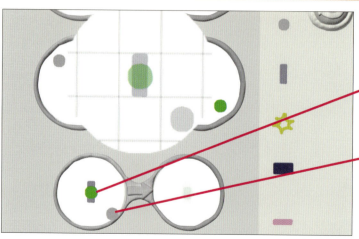

1. 新しいメガネを出す
2. 左がわにかべとボールを入れる
3. ボールのかげをボールの右下に入れる
4. 右がわにかべを入れる
5. ボールを入れて右上に1マス分ずらす
6. ボールのかげを入れる

② ボールが左下から当たった時の動きを作ろう

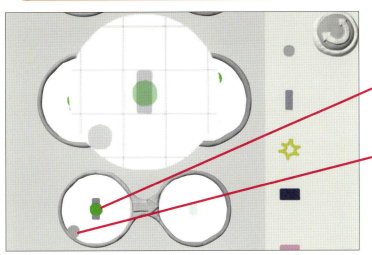

1. 新しいメガネを出す
2. 左がわにかべとボールを入れる
3. ボールのかげをボールの左下に入れる

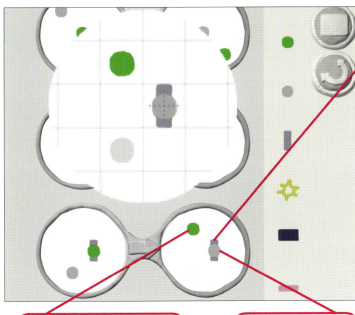

4. 右がわにかべを入れる
5. ボールを入れて左上に1マス分ずらす
6. ボールのかげを入れる

できるかな その6 ブロックくずしを作ろう

次のページに続く

③ ボールが右上から当たった時の動きを作ろう

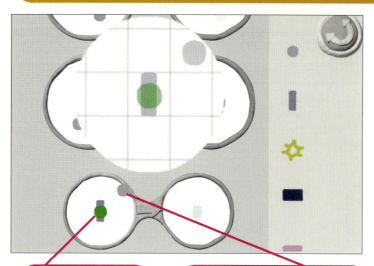

1 新しいメガネを出す
2 左がわにかべとボールを入れる
3 ボールのかげをボールの右上に入れる

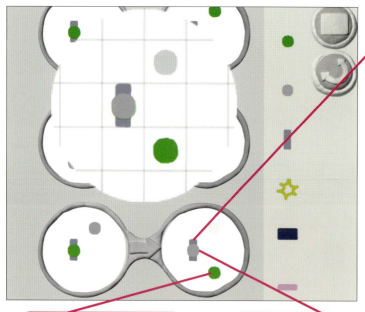

4 右がわにかべを入れる
5 ボールを入れて右下に1マス分ずらす
6 ボールのかげを入れる

④ ボールが左上から当たった時の動きを作ろう

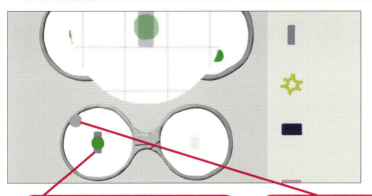

1. 新しいメガネを出す
2. 左がわにかべとボールを入れる
3. ボールの左上にボールのかげを入れる

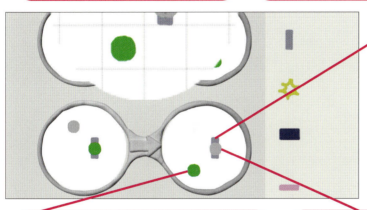

4. 右がわにかべを入れる
5. ボールを入れて左下に1マス分ずらす
6. ボールのかげを入れる

動きをチェックしよう

ボールがかべに当たるとはね返って進むよ。次は天じょうからはね返る動きを作ろう！

レッスン 59 天じょうに当たる時の動きを作ろう

やった日　月　日

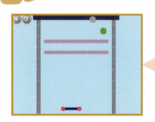

ボールが天じょうに当たった時の動きを作るよ。下から当たった時の動きだけでOKだよ。

① ボールが左下から当たった時の動きを作ろう

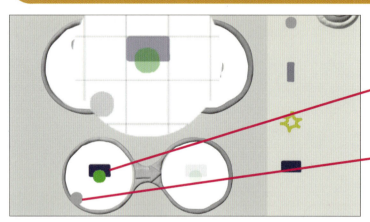

1 新しいメガネを出す

2 左がわに天じょうとボールを入れる

3 ボールのかげをボールの左下に入れる

4 右がわに天じょうを入れる

5 ボールを入れて右下に1マス分ずらす

6 ボールのかげを入れる

② ボールが右下から当たった時の動きを作ろう

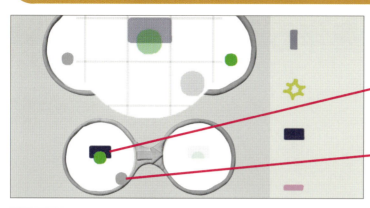

1. 新しいメガネを出す
2. 左がわに天じょうとボールを入れる
3. ボールのかげをボールの右下に入れる

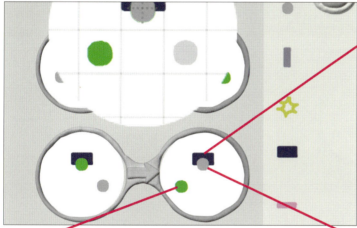

4. 右がわに天じょうを入れる
5. ボールを入れて左下に1マス分ずらす
6. ボールのかげを入れる

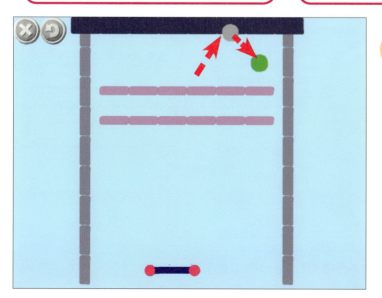

👉 **動きをチェックしよう**
ボールが天じょうに当たってはね返るようになったね。天じょうのすみに当たった時の動きも作ろう！

レッスン 60 天じょうのすみに当たる時の動きを作ろう

やった日　月　日

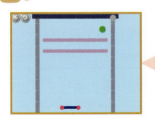

天じょうとかべがくっついている所にボールが当たった時の動きを作ろう。当たった方向にはね返るように作るよ。

① ボールが右下から当たった時の動きを作ろう

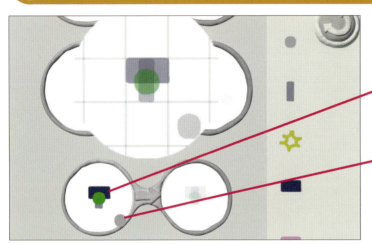

1 新しいメガネを出す
2 左がわにかべと天じょうとボールを入れる
3 ボールのかげをボールの右下に入れる

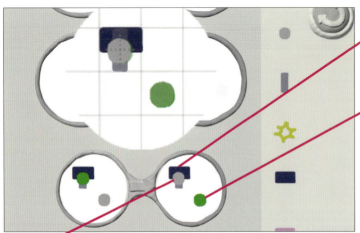

4 右がわにかべと天じょうを入れる
5 ボールを入れて右下に1マス分ずらす
6 ボールのかげを入れる

右下から来たボールは、右下にもどるよ

② ボールが左下から当たった時の動きを作ろう

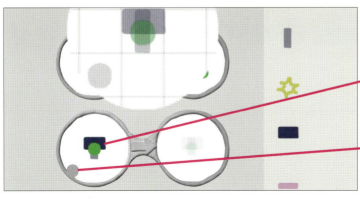

1 新しいメガネを出す

2 左がわにかべと天じょうとボールを入れる

3 ボールのかげをボールの左下に入れる

4 右がわにかべと天じょうを入れる

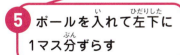

5 ボールを入れて左下に1マス分ずらす

6 ボールのかげを入れる

左下から来たボールは、左下にもどるよ

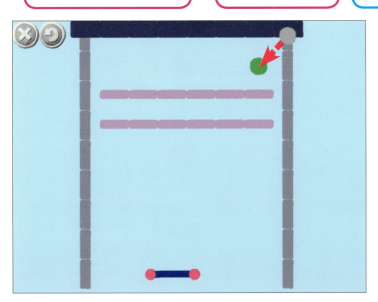

👉 **動きをチェックしよう**
天じょうやかべをボールが通りぬけなくなったね。次はパドルでボールをはね返そう！

レッスン 61 パドルでボールをはね返す動きを作ろう

やった日　月　日

パドルでボールをはね返す動きを作るよ。左上から来たボールがパドルに当たったら、右上にはね返るようにするよ。

① ボールが左上から当たった時の動きを作ろう

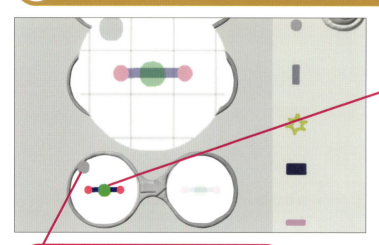

1. 新しいメガネを出す
2. 左がわにパドルとボールを入れる
3. ボールのかげをボールの左上に入れる

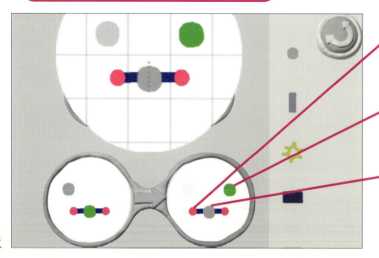

4. 右がわにパドルを入れる
5. ボールを入れて右上に1マス分ずらす
6. ボールのかげを入れる

② ボールが右上から当たった時の動きを作ろう

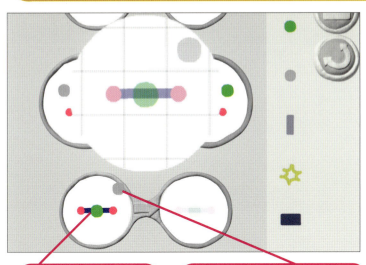

1 新しいメガネを出す

2 左がわにパドルとボールを入れる

3 ボールのかげをボールの右上に入れる

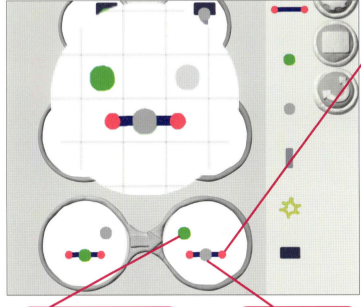

4 右がわにパドルを入れる

5 ボールを入れて左上に1マス分ずらす

6 ボールのかげを入れる

次のページに続く

③ パドルが右がわのかべと重なった時の動きを作ろう

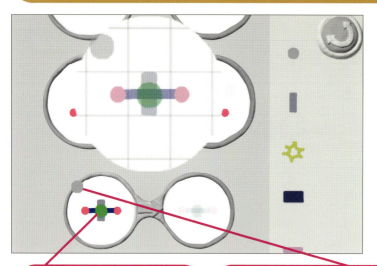

1 新しいメガネを出す

2 左がわにかべとパドルとボールを入れる

3 ボールのかげをボールの左上に入れる

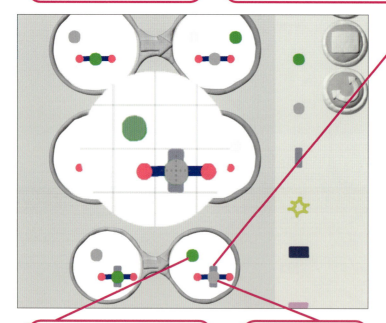

4 右がわにかべとパドルを入れる

5 右がわにボールを入れて左上に1マス分ずらす

6 ボールのかげを入れる

当たった方向にはね返るように作るよ！

④ パドルが左がわのかべと重なった時の動きを作ろう

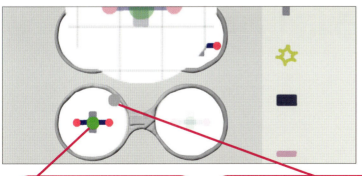

1. 新しいメガネを出す
2. 左がわにかべとパドルとボールを入れる
3. ボールのかげをボールの右上に入れる

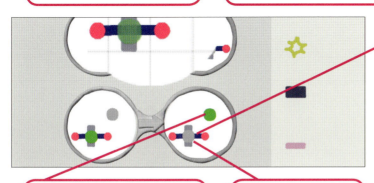

4. 右がわにかべとパドルを入れる
5. 右がわにボールを入れて右上に1マス分ずらす
6. ボールのかげを入れる

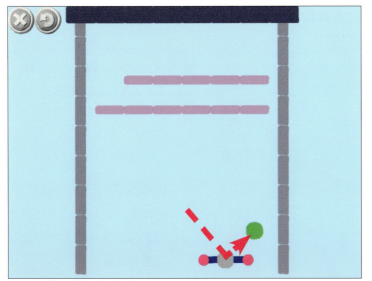

👆 動きをチェックしよう

パドルでボールをはね返せたかな？ 次はパドルがたくさん動くようにするよ。

レッスン 62 パドルがたくさん動くようにしよう

やった日　月　日

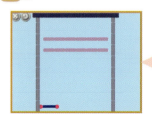

パドルからはなれたところをおした時に、パドルがいっきにそこまで動くようにするよ。

わからないときは ➡ レッスン22

① パドルが左に2マス分動くようにしよう

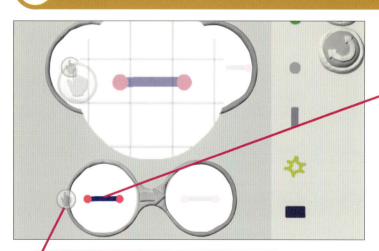

1 新しいメガネを出す

2 左がわにパドルを入れる

ヒント！
指マークをメガネに入れて、それからパドルを少しずつ右にずらしてもいいよ！

3 指マークをパドルの2マス分左に入れる

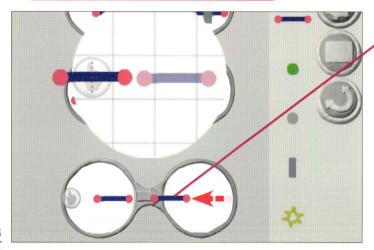

4 右がわにパドルを入れて2マス分左にずらす

ヒント！
メガネの右がわに入れるパドルは、指ボタンの上に重ねるよ。

② パドルが左に3マス分動くようにしよう

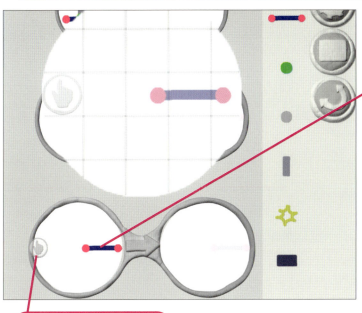

1. 新しいメガネを出す
2. 左がわにパドルを入れる
3. 指マークをパドルの3マス分左に入れる

ヒント！
指マークをメガネに入れて、それからパドルを少しずつ右にずらしてもいいよ！ 指マークとパドルが3マス分動くようにしよう。

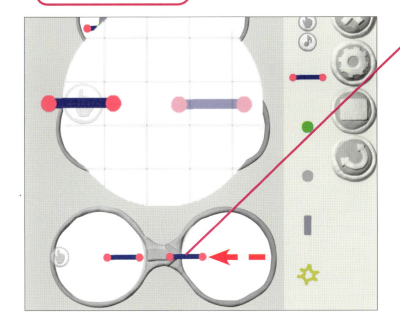

4. 右がわにパドルを入れて3マス分左にずらす

次のページに続く

③ パドルが右に2マス分動くようにしよう

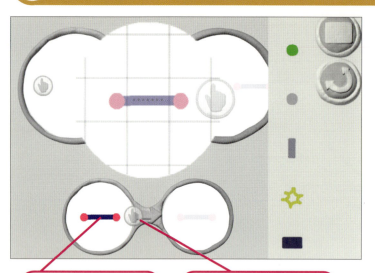

1 新しいメガネを出す

ヒント！
パドルがメガネの外に出てしまったら、メガネをずらしてパドルを入れ直そう。

2 左がわにパドルを入れる

3 指マークをパドルの2マス分右に入れる

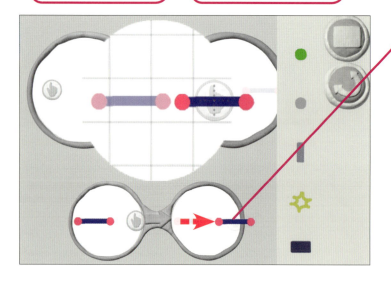

4 右がわにパドルを入れて2マス分右にずらす

④ パドルが右に3マス分動くようにしよう

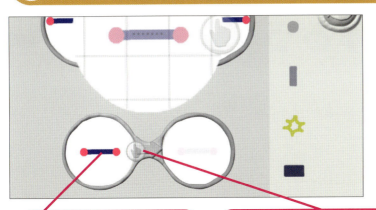

1 新しいメガネを出す
2 左がわにパドルを入れる
3 指マークをパドルの3マス分右に入れる

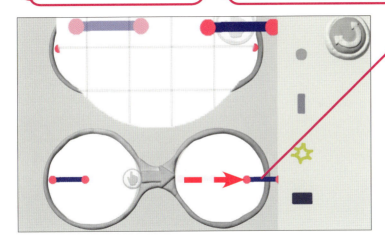

4 右がわにパドルを入れて3マス分右にずらす

動きをチェックしよう

パドルから少しはなれた場所をおしてもパドルが動くようになったね。パドルの横のどこをおすといいか試してみよう。

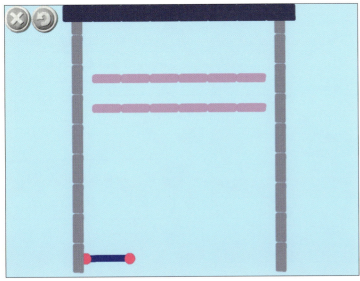

できるかな その6 ブロックくずしを作ろう

レッスン63 ブロックがくずれる動きを作ろう

やった日　月　日

ボールが当たった時にブロックがくずれるように動きを作るよ。ブロックには上下からボールが当たるよ。

① ボールが左下から当たった時の動きを作ろう

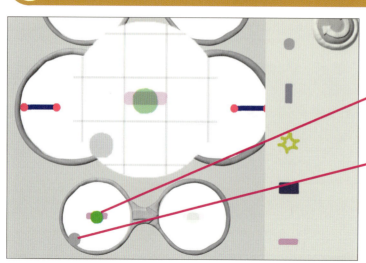

1. 新しいメガネを出す
2. 左がわにブロックとボールを入れる
3. ボールのかげをボールの左下に入れる
4. 右がわにばくはつとボールのかげを入れる
5. ボールをボールのかげの左下に入れる

② ボールが右下から当たった時の動きを作ろう

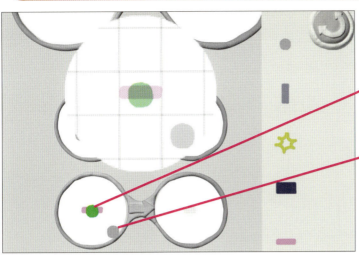

1. 新しいメガネを出す
2. 左がわにブロックとボールを入れる
3. ボールのかげをボールの右下に入れる

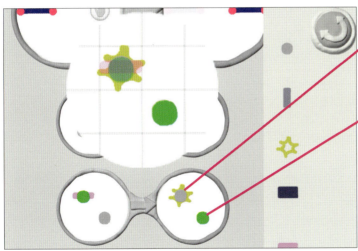

4. 右がわにばくはつとボールのかげを入れる
5. ボールをボールのかげの右下に入れる

ブロックをくずした時は同じ方向にはね返るんだね！

できるかな その6 ブロックくずしを作ろう

次のページに続く

❸ ボールが右上から当たった時の動きを作ろう

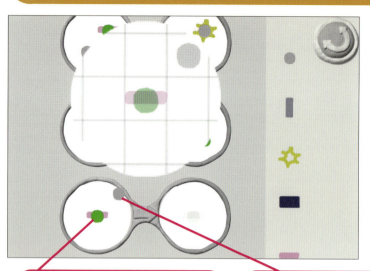

1 新しいメガネを出す

2 左がわにブロックとボールを入れる

3 ボールのかげをボールの右上に入れる

4 右がわにばくはつとボールのかげを入れる

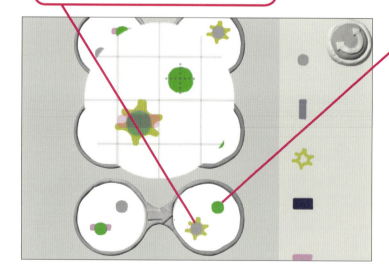

5 ボールをボールのかげの右上に入れる

④ ボールが左上から当たった時の動きを作ろう

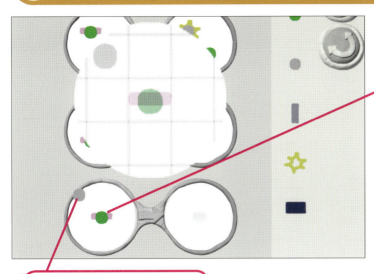

1 新しいメガネを出す

2 左がわにブロックとボールを入れる

3 ボールのかげをボールの左上に入れる

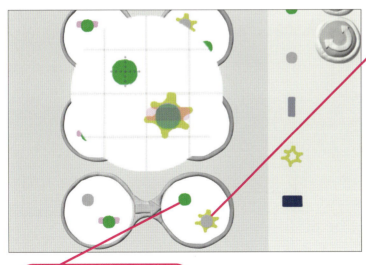

4 右がわにばくはつとボールのかげを入れる

5 ボールをボールのかげの左上に入れる

できるかな その6 ブロックくずしを作ろう

次のページに続く

⑤ ばくはつを消そう

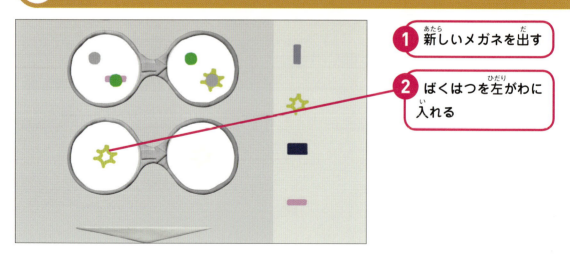

1 新しいメガネを出す
2 ばくはつを左がわに入れる

⑥ ボールをステージに置こう

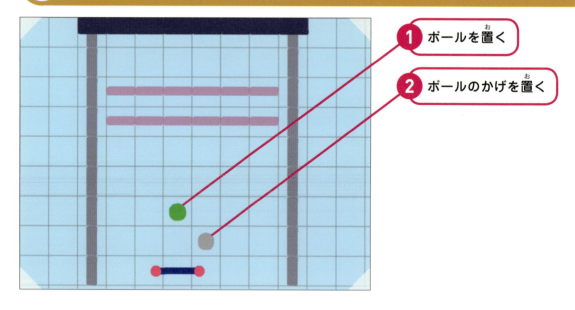

1 ボールを置く
2 ボールのかげを置く

動きをチェックしよう

ボールがブロックに当たるとブロックがくずれるね。でもボールが当たらないブロックがいくつかあるみたいだよ。

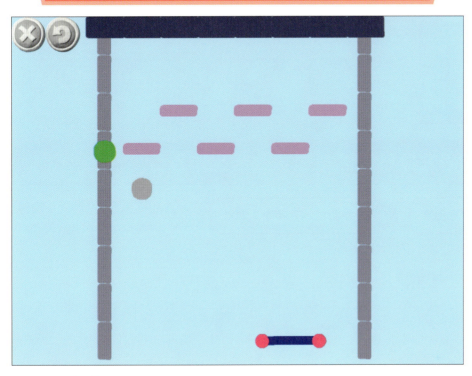

ヒント！

ボールが通るのは赤い線の所だね。パドルのはじにボールが当たった時に、1マスずれるようにすれば全部のブロックをくずせるよ。

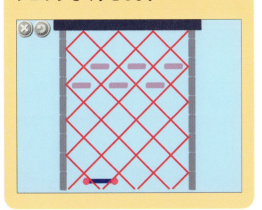

1マスずれてもパドルではね返せるかな？

できるかな その6 ブロックくずしを作ろう

レッスン 64 パドルのはじでボールをはね返す動きを作ろう

やった日　月　日

パドルのはじにボールが当たった時に、1マスずれてはね返るように動きを作るよ。これで全部のブロックに当てられるよ！

1 パドルの左はじではね返す動きを作ろう

① 新しいメガネを出す
② 左がわにパドルを入れる

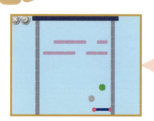

③ ボールをパドルの右はじにくっつける
④ ボールのかげをボールの右上に入れる

⑤ 右がわにパドルを入れて左がわと合わせる
⑥ ボールをパドルの右はじの1マス分上に入れる
⑦ ボールのかげを入れる

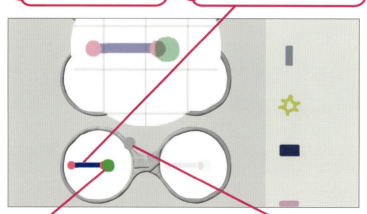

ヒント！
1マスずれた後は、そのままパドルではね返せるよ。もう一度はじに当てると、ずれた分が元にもどるよ！

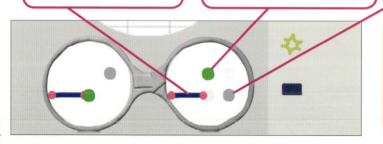

② パドルの右はじではね返す動きを作ろう

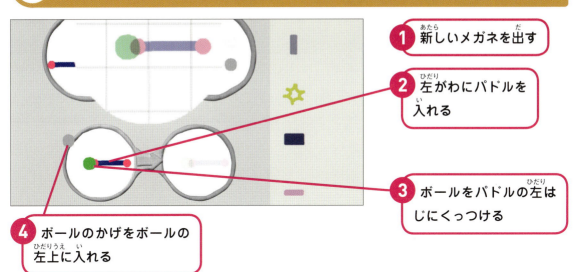

1 新しいメガネを出す
2 左がわにパドルを入れる
3 ボールをパドルの左はじにくっつける
4 ボールのかげをボールの左上に入れる

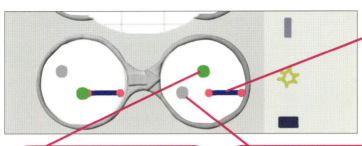

5 右がわにパドルを入れて左がわと合わせる
6 ボールをパドルの左はじの1マス分上に入れる
7 ボールのかげをボールの左下に入れる

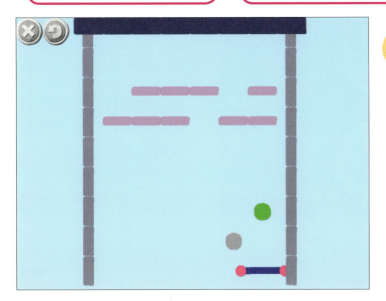

動きをチェックしよう

パドルのはじでボールを打ち返すと、ちょっとずれてはね返るようになったね。これで全部のブロックをくずせるよ！

できるかな その6 ブロックくずしを作ろう

レッスン 65 音が出るようにしよう

やった日　月　日

ボールがいろいろなものに当たった時に音が出るようにするよ。重なったものに当たったときは、両方の音が出るようにするよ。

わからないときは ➡ レッスン21

① ボールがかべに当たった時の音を決めよう

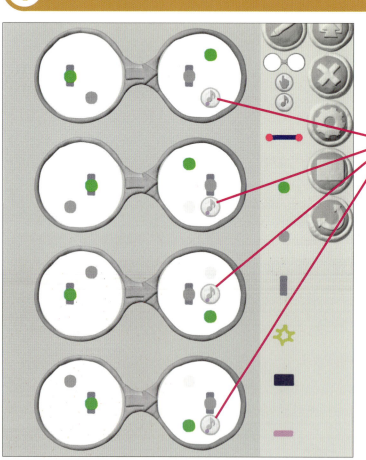

レッスン21を見て、好きな音の音マークを作っておこう

同じ音マークをレッスン58で作った4つのメガネに入れる

音マークはメガネのあいている所に入れよう

ヒント！
メガネの中の部品がずれてしまった時は、前のページを見ながら直しておこう。

210
できる

② ボールが天じょうに当たった時の音を決めよう

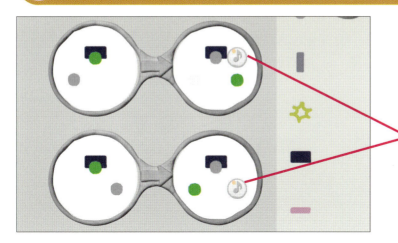

レッスン21を見て好きな音の音マークを作っておこう

音マークをレッスン59で作ったメガネに入れる

③ ボールが天じょうのすみに当たった時の音を決めよう

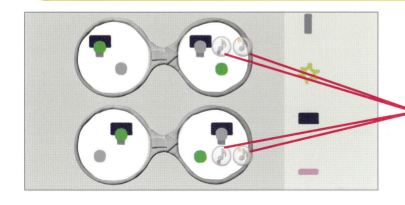

手順1と手順2の音マークを作っておこう

同じ組み合わせの音マークをレッスン60で作ったメガネに入れる

音が重なって出るよ

④ ボールがパドルに当たった時の音を決めよう

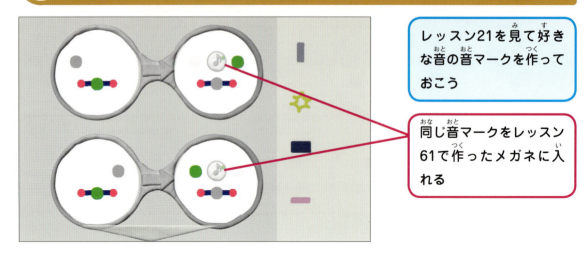

レッスン21を見て好きな音の音マークを作っておこう

同じ音マークをレッスン61で作ったメガネに入れる

⑤ ボールがかべとパドルに当たった時の音を決めよう

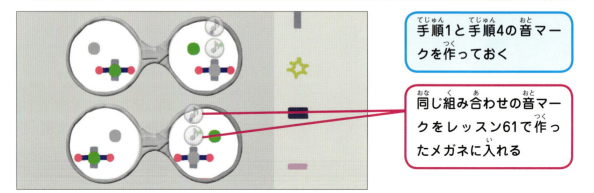

手順1と手順4の音マークを作っておく

同じ組み合わせの音マークをレッスン61で作ったメガネに入れる

⑥ ボールがブロックに当たった時の音を決めよう

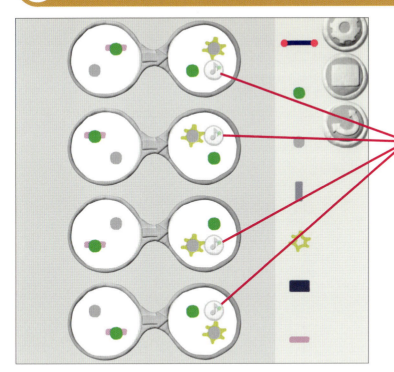

レッスン21を見て好きな音の音マークを作っておこう

音マークをレッスン63で作ったメガネに入れる

⑦ ボールがパドルのすみに当たった時の音を決めよう

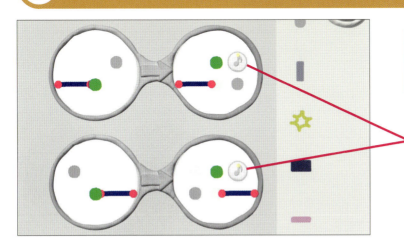

レッスン21を見て好きな音の音マークを作っておこう

音マークをレッスン64で作ったメガネに入れる

動きをチェックしよう

ボールが何かに当たる時に、音が出ているかチェックしよう。これでゲームは完成だよ！

かわいい音が出るブロックくずしができたよ！

みんなで遊んでみてねー！

チャレンジ！
パドルを増やしてみよう

ステージにパドルをもう1つ置いて遊んでみよう。

高さを変えて並べても
おもしろいよ！

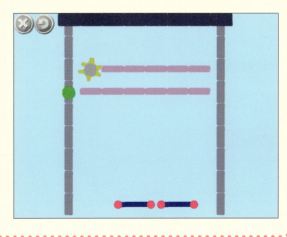

チャレンジ！
かべを増やしてみよう

かべをステージの真ん中にも入れてみよう。

ボールが通るように
上の方は空けておこう。

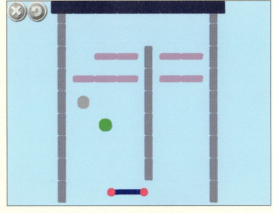

他にもブロックの数や
場所を変えて君だけの
ゲームを作ってみてね！

できるかな その6 ブロックくずしを作ろう

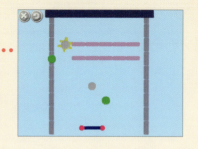

ボールとボールのかげをステージにもう1つ入れてみよう。ボール同士がぶつかった時に止まらないようにするにはどうすればいいかな？

答え

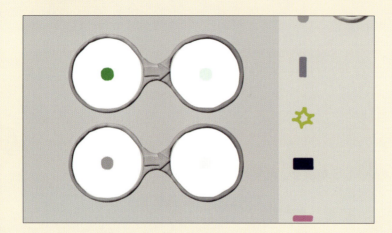

- ボールを右がわにだけ入れる
- メガネをもう1つ出してボールのかげを右がわにだけ入れる
- 2つのボールが交差しても止まらずに動くよ

付録 メガネ一覧

> できるかな編に登場したプログラミングのコードを掲載します。プログラムがうまく動かなかった場合は、こちらを参考にしましょう。

できるかな その1　シューティングゲームを作ろう　83ページ

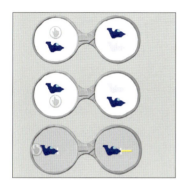
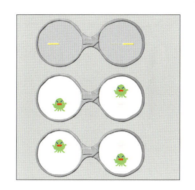
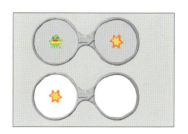

できるかな その2　対戦ゲームを作ろう　97ページ

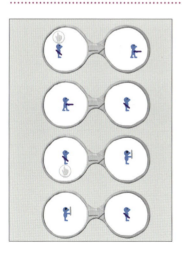
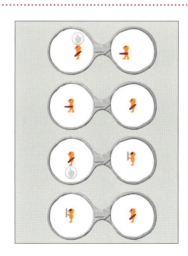
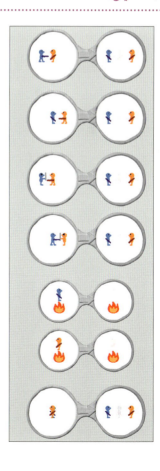

できるかな その3 作曲マシンを作ろう　　　115ページ

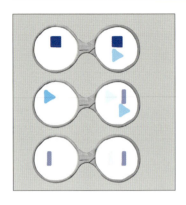
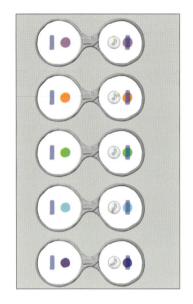
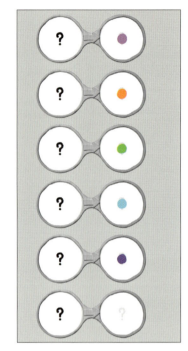

できるかな その4 迷路ゲームを作ろう　　　131ページ

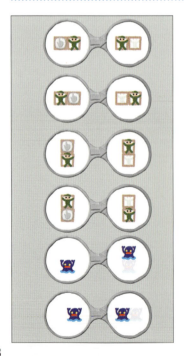
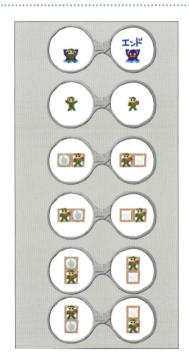
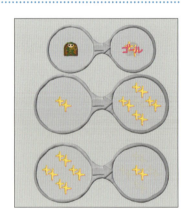

できるかな　その5　くり返し模様を作ろう　　153ページ

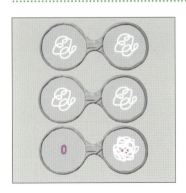
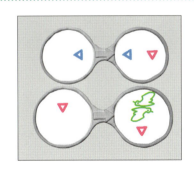

できるかな　その6　ブロックくずしを作ろう　　175ページ

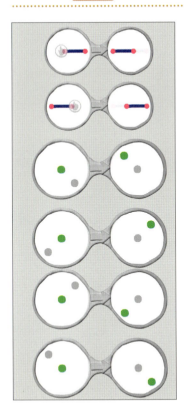
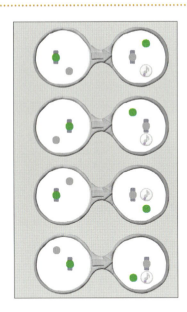
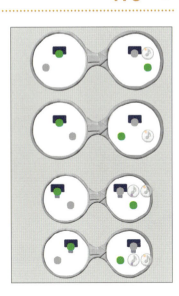

次のページに続く

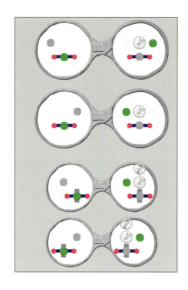
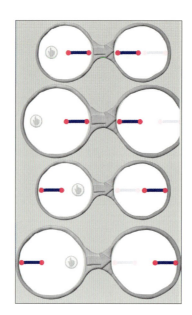
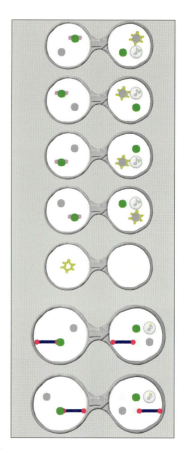

本書を読み終えた方へ
できるシリーズのご案内

シリーズ7000万部突破
売上No.1ベストセラー

※1：当社調べ　※2：大手書店チェーン調べ

プログラミング、ゲーム関連書籍

できるキッズ 子どもと学ぶ Scratch プログラミング入門

竹林 暁・澤田千代子＆できるシリーズ編集部
定価：本体1,880円＋税

キーボードに不慣れな子どもにも簡単に操作できるScratch（スクラッチ）の使い方を解説。ゲームを作りながらプログラミングを学べる。

できるビジネス 子どもにプログラミングを学ばせるべき6つの理由

「21世紀型スキル」で社会を生き抜く

神谷加代＆できるシリーズ編集部 著
竹林 暁 監修
定価：本体1,500円＋税

世界中で注目されているプログラミング教育について、主婦＋教育＋ICTプロジェクトで活動する著者が子どもにプログラミングを学ばせる意味を丁寧に解説。

できる マインクラフト建築 パーフェクトブック 困った！＆便利ワザ大全

パソコン/iPhone/Android/PS4/PS3/PS Vita/Xbox One/Xbox 360/Wii U 対応

てんやわんや街長＆できるシリーズ編集部
定価：本体1,850円＋税

人気ブログ「マインクラフトてんやわんや開拓記」のてんやわんや街長が、必ず役立つ家＆街づくり、こだわりの内装のワザを大公開！

できる てんやわんや街長直伝！ レッドストーン回路 パーフェクトブック 困った！＆便利ワザ大全

てんやわんや街長＆できるシリーズ編集部
定価：本体1,880円＋税

人気ブログ「マインクラフトてんやわんや開拓記」のてんやわんや街長が、必ず役立つレッドストーン回路づくり、回路を生かした建築のワザを紹介！

パソコン初心者おすすめ書籍

できるWindows 10 改訂3版

法林岳之・一ヶ谷兼乃・清水理史＆できるシリーズ編集部
定価：本体1,000円＋税

パソコンの基本操作はもちろん、スマートフォンと連携する便利な使い方も分かる！　紙面の操作を動画で見られるので、初めてでも安心。

できるExcel 2016
Windows 10/8.1/7対応

小舘由典＆できるシリーズ編集部
定価：本体1,140円＋税

表作成や表計算の定番アプリ「Excel 2016」の操作がひと通り身に付く！ Excelの操作方法はもちろん、自分の思い通りに表を作成する方法が分かる。

できるWord 2016
Windows 10/8.1/7対応

田中 亘＆できるシリーズ編集部
定価：本体1,140円＋税

文書作成の定番アプリ「Word 2016」がひと通り使いこなせるようになる！　無料の練習用ファイルで手際よく読みやすい文書を作るための知識も身に付く。

読者アンケートにご協力ください！
https://book.impress.co.jp/books/1117101054

このたびは「できるシリーズ」をご購入いただき、ありがとうございます。
本書はWebサイトにおいて皆さまのご意見・ご感想を承っております。
気になったことやお気に召さなかった点、役に立った点など、
皆さまからのご意見・ご感想をお聞かせいただき、
今後の商品企画・制作に生かしていきたいと考えています。
お手数ですが以下の方法で読者アンケートにご回答ください。
ご協力いただいた方には抽選で毎月プレゼントをお送りします！

※プレゼントの内容については、「CLUB Impress」のWebサイト
　（https://book.impress.co.jp/）をご確認ください。

❶URLを入力して[Enter]キーを押す

❷[アンケートに答える]をクリック

◆会員登録がお済みの方
会員IDと会員パスワードを入力して、
[ログインする]をクリックする

※Webサイトのデザインやレイアウトは変更になる場合があります。

◆会員登録をされていない方
[こちら]をクリックして会員規約に同意してから
メールアドレスや希望のパスワードを入力し、登
録確認メールのURLをクリックする

本書のご感想をぜひお寄せください　https://book.impress.co.jp/books/1117101054

「アンケートに答える」をクリックしてアンケートにご協力ください。アンケート回答者の中から、抽選で商品券(1万円分)や図書カード(1,000円分)などを毎月プレゼント。当選は賞品の発送をもって代えさせていただきます。はじめての方は、「CLUB Impress」へご登録（無料）いただく必要があります。

読者登録サービス
アンケートやレビューでプレゼントが当たる！

■著者

原田康徳（はらだ　やすのり）

計算機科学者。合同会社デジタルポケット代表。ビスケット開発者。ワークショップデザイナー。1963年北海道生まれ。1992年に北海道大学大学院情報工学専攻博士後期課程を修了。1992年から2015年まで日本電信電話株式会社NTT基礎研究所とNTTコミュニケーション科学基礎研究所に勤務。1998年から2001年にJSTさきがけ研究員も務める。2004年から2006年の間と、2010年から2013年にIPA未踏ソフトウェア創造事業プロジェクトマネージャーを兼務。NTTコミュニケーションを退職後、合同会社デジタルポケットを設立。

https://www.viscuit.com/

渡辺勇士（わたなべ　たけし）

合同会社デジタルポケットチーフファシリテータ。ワークショップデザイナー。1979年東京生まれ。2003年明治大学商学部卒業、2012年青山学院大学大学院社会情報学部社会情報学研究科修了（学術）。現在、電気通信大学情報理工学研究科博士後期過程に在籍。合同会社デジタルポケットでビスケットの普及に努める。

井上愉可里（いのうえ　ゆかり）

合同会社デジタルポケットデザイナー・ファシリテータ。ワークショップデザイナー。1980年熊本生まれ。武蔵野美術大学にて空間演出デザインを専攻。グラフィックデザイナーとしてデザイン事務所に10年勤務後、創造・表現の場作りに興味を持ち、NPO団体などで子ども向けワークショップの企画開発・講師を務める。現在は合同会社デジタルポケットでビスケットの普及に努める。

STAFF

シリーズロゴデザイン	山岡デザイン事務所<yamaoka@mail.yama.co.jp>
カバーデザイン	株式会社ドリームデザイン
本文フォーマット＆デザイン	町田有美
カバー＆本文イラスト	オオノマサフミ
DTP制作	町田有美・田中麻衣子
編集協力	進藤　寛
デザイン制作室	今津幸弘<imazu@impress.co.jp>
	鈴木　薫<suzu-kao@impress.co.jp>
制作担当デスク	柏倉真理子<kasiwa-m@impress.co.jp>
編集	荻上　徹<ogiue@impress.co.jp>
編集長	大塚雷太<raita@impress.co.jp>
オリジナルコンセプト	山下憲治

本書は、iPadやAndroid OSを搭載するタブレット、Windows 10、Microsoft Edge、ビスケットの操作方法について、2017年11月時点での情報を掲載しています。紹介しているハードウェアやソフトウェア、サービスの使用法は用途の一例であり、すべての製品やサービスが本書の手順と同様に動作することを保証するものではありません。

本書の内容に関するご質問については、該当するページや質問の内容をインプレスブックスのお問い合わせフォームより入力してください。電話やFAXなどのご質問には対応しておりません。なお、インプレスブックス(https://book.impress.co.jp/) では、本書を含めインプレスの出版物に関するサポート情報などを提供しております。そちらもご覧ください。

本書発行後に仕様が変更されたハードウェア、ソフトウェア、サービスの内容などに関するご質問にはお答えできない場合があります。また、以下のご質問にはお答えできませんのでご了承ください。
・書籍に掲載している手順以外のご質問
・ハードウェア、ソフトウェア、サービス自体の不具合に関するご質問
本書の利用によって生じる直接的または間接的被害について、著者ならびに弊社では一切の責任を負いかねます。あらかじめご了承ください。

■商品に関する問い合わせ先
インプレスブックスのお問い合わせフォーム
https://book.impress.co.jp/info/
上記フォームがご利用いただけない場合のメールでの問い合わせ先
info@impress.co.jp

■落丁・乱丁本などの問い合わせ先
TEL 03-6837-5016 FAX 03-6837-5023
service@impress.co.jp
受付時間 10:00〜12:00 / 13:00〜17:30
(土日・祝祭日を除く)
●古書店で購入されたものについてはお取り替えできません。

■書店／販売店の窓口
株式会社インプレス 受注センター
TEL 048-449-8040 FAX 048-449-8041

株式会社インプレス 出版営業部
TEL 03-6837-4635

できるキッズ 子どもと学ぶ ビスケットプログラミング入門

2017年12月11日 初版発行

著　者　合同会社デジタルポケット 原田康徳・渡辺勇士・井上愉可里 & できるシリーズ編集部

発行人　土田米一

編集人　高橋隆志

発行所　株式会社インプレス
　　　　〒101-0051　東京都千代田区神田神保町一丁目105番地
　　　　ホームページ　https://book.impress.co.jp/

本書は著作権法上の保護を受けています。本書の一部あるいは全部について（ソフトウェア及びプログラムを含む）、株式会社インプレスから文書による許諾を得ずに、いかなる方法においても無断で複写、複製することは禁じられています。

Copyright © 2017 DigitalPocket LLC., Yasunori Harada, Takeshi Watanabe, Yukari Inoue and Impress Corporation. All rights reserved.

印刷所　株式会社廣済堂
ISBN978-4-295-00282-6 C3055

Printed in Japan